养猪实战基础论

陆建伟 编著

我思者人必思，极力思末必得
我弃者人必弃，极力弃亦必失

—— 养殖观

黑龙江科学技术出版社

图书在版编目（CIP）数据

养猪实战基础论 / 陆建伟编著. -- 哈尔滨 ：黑龙
江科学技术出版社, 2024.4
ISBN 978-7-5719-2337-2

Ⅰ. ①养… Ⅱ. ①陆… Ⅲ. ①养猪学 – 问题解答
Ⅳ. ①S828-44

中国国家版本馆 CIP 数据核字(2024)第 069249 号

养猪实战基础论
YANGZHU SHIZHAN JICHU LUN
陆建伟 编著

责任编辑　赵　萍
封面设计　孔　璐
出　　版　黑龙江科学技术出版社
　　　　　地址：哈尔滨市南岗区公安街 70-2 号　邮编：150007
　　　　　电话：（0451）53642106　传真：（0451）53642143
　　　　　网址：www.lkcbs.cn
发　　行　全国新华书店
印　　刷　哈尔滨市石桥印务有限公司
开　　本　787 mm × 1092 mm　1/16
印　　张　21.5
字　　数　350 千字
版　　次　2024 年 4 月第 1 版
印　　次　2024 年 4 月第 1 次印刷
书　　号　ISBN 978-7-5719-2337-2
定　　价　98.00 元

序一

在浩瀚的农业知识海洋中，每一位执着于专业领域的一线工作者都是一颗璀璨的星辰。而今，我们有幸迎来一位在养猪一线辛勤耕耘了十载的杰出饲料销售员、一线养猪工作者的倾心之作——《养猪实战基础论》。这本书不同于教科书式的理论体系，但也对猪养殖技术进行了全面梳理，就像"猪"海拾贝，娓娓道来每个养猪的细节，可操作性极强，也是对一位专业人士深厚经验与无尽热忱的最好诠释。

猪的养殖业在全球范围内都具有举足轻重的地位，对于许多国家和地区来说，它不仅仅是经济的来源，更是农业发展的重要支柱。我国生猪养殖约占世界总量56%。在这其中，饲养管理和疾病防控无疑是两大核心要素，直接关系到整个养殖业的稳定与繁荣。本书正是以此为出发点，深入浅出地为我们揭示了生猪养殖的奥秘。

作者凭借在养猪一线多年的实践经验，不仅详细阐述了饲养管理的各个方面，包括饲料的选择、环境的营造、饲养的技巧等，而且对疾病防控也给出了诸多实用建议和方案。不同于其他理论性的养殖书籍，本书更加注重实际操作与经验分享，使得读者能从中获得更为直接的帮助。

更难能可贵的是，作者在书中融入了自己对生猪养殖深沉的热爱。每一个章节、每一个细节都充满了作者对这一行业的敬意与感情。这种情感不仅仅是对猪只的呵护，更是对大自然、对生命的尊重。正是这份热爱与执着，使得作者能够在养猪一线坚守十年，并为我们带来了这样一本宝贵的专业图书。

《养猪实战基础论》不仅是一本技术指南，更是一位执着于农业、专注于养殖的专家对行业的献礼。我相信，这本书不仅会成为养猪业者手头的宝典，更会成为热爱畜牧业者及相关专业学生的有益读物，并对他们产生深远影响。

王爱勇教授

2024.1.26于河南农业大学科技楼

序二

　　晓伟老师出生在农村，成长在城市，毕业于吉林农业大学，第二学历毕业于东北农业大学。

　　他对农业、农村、农民怀有深厚情感，对养殖尤为热爱。记得他在中学读书时，经常利用假日随我到终端市场。从那时起，他脑海里就萌发了从事农业工作的想法。

　　毕业后，他以自身所学知识，扎身仟客莱集团的基层。多年来，他积累了大量技术经验，并编写了《养猪实战基础论》一书。此书所著经验皆来自于实践，内容符合实际，通俗易懂，实用性强，是养殖朋友的好帮手，是终端借鉴的好老师。

　　晓伟老师不仅是技术性人才，也是一位优秀管理者。工作中勤恳认学，从基层业务到省级销售经理，再到东北区总裁，这些成绩的取得都是有原因的。一源自他对工作的热爱，二源自他的学习力。他先后进修于北京大学及中欧商学院。他的学习力为个人发展提供了保障，特别是每月3、6、9日"晓伟说猪"直播，已受到数十万名用户的推崇和喜爱！

　　在此，我希望晓伟老师不忘初衷，坚持把用户需求与利益放在第一位，懂养殖，懂终端，为行业发展贡献力量！

吉林农业大学客座教授　孙建国

2024年1月22日

前 言

9年前，读大三的我决定从事养殖业。于是，用一年时间把大学图书馆所有养猪的书全部看了一遍。始终认为自己记性不好，可是关于养猪的书籍，看过后却大多可以记住，也许自己的价值就在于此。开始规划自己的职业方向——养殖培训。

8年前，我走进了畜牧行业，对行业很憧憬，同时也有些畏惧。我知道要想成为真正的讲师，掌握理论知识远远不够，需要时刻了解一线养殖才可以。当时，每天最开心的就是盘点自己进了几家猪圈，给几头猪打过针，于是，几乎每晚回到租房处衣服都是臭臭的。这一年我是大四学生，由于同学还都在上学，我对挣钱多少没有概念，只知道帮助的人多了，自己的价值自然就产生了，那就好好打磨自己。

7年前，我大学毕业。这一年我负责的销售市场在吉林省农安县，正是在这里我从0做到了年5000吨销量。又过了两年，或许是上天的眷顾，或许是养殖朋友们的信赖，我做到了集团销售冠军。

6年前(2018)，刚刚开启了快手直播，就暴发了非洲猪瘟。从这一刻开始我问自己，到底能帮助多少养猪人？初心犹在，我坚持从不炒作。这一年由于每天解答的问题太多，身体严重透支，讲课后多次虚脱，我甚至怀疑自己要倒下了。但是只要坐在镜头前，我就充满正能量。

5年前，直播改为每月3、6、9日。 此时，中国养殖已经进入三足鼎立阶段，即家庭农场–散养户–集团养殖。而我要做的就是帮助散养户快速转为家庭农场，因为随着散养户的老龄化，未来真正有竞争力的就是家庭农场。集团养殖成本高，长时间遭遇低谷期，风险巨大。相对集团养殖，家庭农场和散养户有一个根本性的优势，那就是"船小好调头"。

4年前，也就是2020年，很多行业受到了前所未有的冲击。也恰恰是这一年，养殖从业者却赚取了人生最多的一桶金。当养猪也能成为首富的时候，全国甚至全世界大佬的目光看向了养殖业，确切说，应该是养猪业。

3年前，我开启了视频号直播。每次直播几乎都能保持2000～3000人同时在线。而这一年，非瘟后的猪价首次出现大跳水，不到半年时间，从每千克超过14元的猪价，掉到每千克不足14元，养殖户深受打击。

2年前，应大家要求，我决定写书。原计划分两本书出版，分别是《母猪管理与疾病防控》《仔猪管理与疾病防控》，为方便广大读者，最终精简到一本，即《养猪实战基础论》。把猪养活很简单，把猪养好不简单，截至目前，超过600场的网络直播课程、超过200场的线下公开课程，从东北到华北、从西北到西南、从中原到华南，我帮助了数以万计的养殖户解决难题。本书浓缩了我多年的经验，养猪常见的问题在本书中或多或少能找到答案。这本书更适合畜牧兽医、养殖新手和猪场老板阅读。

新时代背景下，"一带一路"倡议让中国与世界全面接轨。对比西方的养殖业，中国正面临着养殖户老龄化严重、技术水平落后以及养殖成本高于世界平均水平的难题。但是，近几年通过加强养殖管理、更换母猪品种，尤其是提高养殖水平，很多养殖场缩小了与西方养殖效益的差距，明显优于国内同行平均水平。希望本书的出版为更多同行带来启示和借鉴，共同提高养殖技术水平。

由于编者水平有限，书中难免会有错误和不当之处，诚望广大读者予以指正。

陆建伟

2023年7月18日

养猪就是养肠道

保健就是护黏膜

防疫就是抓管理

福利就是抗应激

抗非就是比系统

健康就是抗病力

目 录

![猪头图标] **母猪管理篇**

仔猪管理篇

🐷 基础管理篇

疾病防控篇

🐷 饲料营养篇

养殖拓展篇

母猪管理篇

提高猪场效益的第一步就是提高母猪产能。

如何选择母猪

散养户肥转母选择标准

上一代母猪：奶水好、平均产仔12头及以上最好。

上一代母猪：所产仔生长速度快。

上一代母猪：最好不是头产或者老母猪。

上一代母猪满足以上三点，这代母猪中可以挑选优秀的进行留种。

如何选择品种母猪

◆ 一元母猪的概念

一元母猪是专门用于繁殖的母猪，其繁殖能力比二元母猪更强，常见的长白母猪、大白母猪、中国太湖猪等都属于一元母猪。为了提高繁殖效果，一元母猪的饲养、管理要求非常高，只有合理的饲养、科学的管理和优质的饲料才能保证它们健康生产和生存。

◆ 二元母猪的概念

最常见的二元母猪就是长白猪与大白猪杂交生产的母猪。一般情况下，二元母猪没有一元母猪产仔多，但二元母猪的抗逆性及杂交后代的生长速度更优。二元猪除了可用于繁殖的母猪，还有用于育肥的商品猪，很多二元猪130千克前生长速度并不比三元猪慢。因此，相较于一元母猪，二元母猪有着更广泛的用途。

◆ **三元猪的概念**

　　三元猪是指由三个不同品种育成的猪,大多数三元猪是杜洛克公猪和杂交母猪或杂交母猪回交的后代育成的商品猪。其优点是生长速度快,饲料转化率高。

　　目前三元猪有两种:一种是外三元,一种是内三元。三个品种都是国外的良种猪后代就是外三元,三个品种有一个是国内品种就叫内三元,外三元比内三元体型好、生长速度快、瘦肉率高。

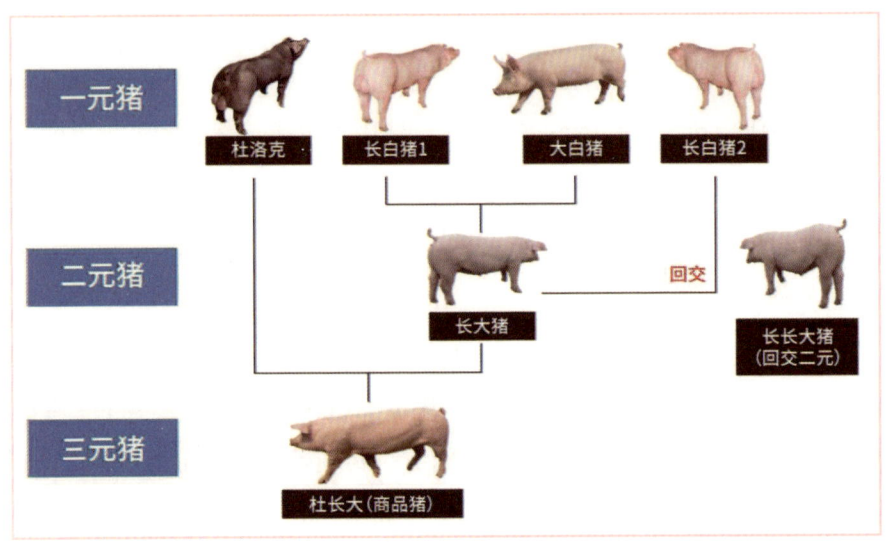

◆ **母猪品系**

法系(丹系)

优点:产仔率高,一般12～14头,母猪奶水好。

缺点:抗逆性差,淘汰率高,尤其是定位栏里的肢蹄病。

美系(加系)

优点:抗逆性强,肢蹄病比法系母猪少。

缺点:产仔率偏低,一般11～12头。

建议:一元母猪可以选择法系(丹系),加强饲养管理,不使用定位栏,冬季做好保温,饲喂优质母猪料即可。

◆ **不同母猪的特点**

大白母猪:又名大约克夏,耳朵直立,改良后的大白猪身腰不短,更适合做育种母本。必要时直接找杜洛克,可以做商品猪。

长白母猪:肋骨16对,比大白猪多两对,所以身腰更长,抗逆性没有大白强。更适合做育种父本,或者做肥转母终端父本。

杜洛克:黄色或者棕黄色体毛,一般美系的更多,特点为瘦肉率高,抗逆性强,生长速度快,选择口流涎的公猪更好,性欲旺盛。一般做终端父本。

太湖猪:生长在中国太湖流域,世界上产仔率最高的母猪,多的可达30头以上,一般18~22头。缺点是生长速度差,瘦肉率底。杜太二元母猪产能表现不错。

◆ **如何选择母猪**

(1)奶头均匀位于肚皮两侧,不能太靠外,不能有瞎奶,保证奶头7对最好。

(2)选择母猪时,肢蹄健壮是第一要素,母猪需要肢蹄健壮、走路正常。

(3)水门上翘和狭小的最好不要,以降低后期母猪的难产率。

(4)肚子微下垂更好,这样的猪一般采食量大。正常情况下,哺乳母猪采食量越大,奶水一般越好。

(5)在小型猪场选择母猪时,最好在60千克左右就开始引种,因为很多不负责的猪场管理者为了让后备母猪快速生长,对后备母猪继续饲喂育肥料而不饲喂优质母猪料,这样的母猪不发情的多,淘汰率更高。

母猪饲喂标准

母猪要严格按照饲喂标准进行饲喂，饲喂过多饲料，会提高养殖成本，同时母猪容易肥胖，导致产能下降；饲喂营养不足时，母猪体内营养欠缺，不能满足自身和仔猪营养需求，导致出生仔猪大小不一、营养不足，会造成母猪不发情。不同阶段、不同母猪，饲喂标准略有差异。

对于后备母猪，建议饲喂专业后备母猪料或者饲喂功能性妊娠料。一些从业者还建议养殖户将妊娠料和哺乳料按1∶1混合饲喂，而这里更建议选择专业的后备母猪料。对于后备母猪采用自由喂食，直到发情后开始选择按顿饲喂，每天两顿，每顿1.3~1.5千克。

◆ **头产母猪饲喂法**

初产母猪配种时体重在135千克左右，刚刚体成熟，还没达到成年母猪体重(成年母猪体重一般在200千克左右)，摄入的营养既要满足胎儿的发育也要满足自身生长需要。为防止头产母猪产仔时，母猪体重小而引起难产，所以妊娠前中期每天要比经产母猪的饲喂量至少提高0.5千克。配种后两周内一天只喂2千克，两周后每天喂2.7~3.0千克。对于头产母猪，产前一个月正常更换哺乳母猪料，但不增加日饲喂量，直到产前3天开始少量减料。

◆ **经产母猪饲喂法**

配种后9~12天是受精卵着床期，过多饲喂能量饲料，会提高血液浓度，减少孕酮含量，理论上会影响产仔率。所以配种后两周内一般需要限饲能量饲料，但可以适当多喂青绿饲料。

配种后21~70天是膘情调节期，要遵守"胖减瘦加"的饲喂原则。

过于肥胖的母猪一般能量过高,比如玉米饲喂过多等,这样的母猪产能不会太好,母猪应该八分饱八分膘。

70~90天是乳腺发育期,此期间不能提早功胎加料,功胎过早的错误操作行为,会导致母猪产后奶水不足甚至无奶。

90~110天是胎儿快速生长期,大约2/3的体重在此期间增长,开始更换哺乳料功胎。每天饲喂3.0~3.5千克,看膘情决定。

产前3天适当减料,可以有效快速恢复母猪食欲。

产仔当天母猪喝麸皮温水。

0.5千克麸皮+0.1千克食盐+0.25千克红糖+20毫升阿莫西林+6个生鸡蛋。

产后一周内,每天逐渐增加饲喂量,不可操之过急,产后一次性吃料过多容易造成不食症状。

◆ 哺乳期母猪饲喂标准

自身维持量3斤(1.5千克),每产一头仔猪加料0.9斤(0.45千克)。如产仔10头,则3+0.9×10=12斤(6千克)为最佳状态。

夏季母猪吃不下去料的,每天可以增加一顿,也可以适当调整饲喂时间,从而错开午间高温时间。

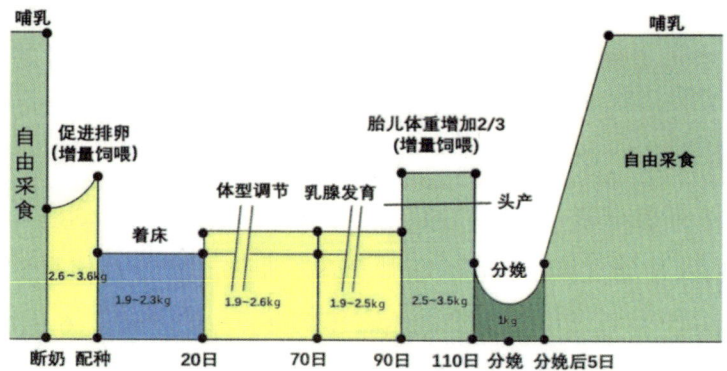

后备母猪饲养管理

后备母猪的饲养管理技术分为多个阶段,分别是生长饲养阶段、后备饲养阶段、混群饲养模式、及时调教、短期优饲、日常管理、配种前催情、严格执行免疫程序。

◆ **生长饲养阶段**

20~60千克是推动后备母猪体能充足发育的过程,应按照对应的饲养规范喂养营养均衡的全价日粮,此阶段饲喂保育料和仔猪料。

◆ **后备饲养阶段**

对于杂交二元母猪一般在60千克开始更换优质后备母猪料,研究表明,此阶段及早饲喂后备母猪料,有助于母猪后期的发情和排卵。100千克的母猪开始限制饲喂,每日饲喂标准为体重的2.5%左右,后备母猪在配种前两个星期结束限定喂养,进行短期优饲,以提升排卵期数和发情率。

◆ **混群饲养模式**

为了保证后备母猪正常生长发育,一般选择混群饲养,每栏养6~8头。后备母猪混群饲养有助于初期母猪的发情配种。有条件的后备母猪舍可配备户外运动场,以健壮母猪的身体素质,提高四肢的灵活性。

◆ **及时调教**

对于后备母猪,从其动时起就要掌握调试管理方法,创建人与猪的融洽关联,使猪群养成良好的习惯。饲养到一定月龄后,使其发情并有周期性发情表现,但这时候骨骼发育还未完善。在母猪5~6月龄时,可用成年种公猪开展触碰诱情,推动母猪发情期。

◆ **短期优饲**

在后备母猪配种前14天提升饲养效率，推行随意吃料，有助于母猪多卵，提高初产母猪的窝仔数。

◆ **日常管理**

后备母猪舍适宜温度为18～22℃。夏天需要注意高温防暑，室内温度一旦超出30℃会抑制后备母猪身体内雌激素分泌，造成不发情或发情异常。冬天要高度重视猪圈的通风，要解决好温度与通风的适度问题，既始终保持适宜温度，还得确保空气清新。栏舍环境与设施要经常消毒杀菌，常常刷拭猪体并定期除虫。

◆ **严格执行免疫程序**

依照免疫程序及时做好猪口蹄疫、猪瘟病毒、细小病毒病、伪狂犬病、乙型脑炎和蓝耳病等疫病的疫苗接种工作。后备期间做好细小病毒疫苗任务非常关键，一般90千克首次免疫，间隔不超过一个月进行二次免疫，细小病毒配种前只免疫一次效果不佳。

注意事项

在养殖后备母猪的时候需要注意的就是后备母猪的选苗及其引入，选苗的好坏决定猪场的高度，引种的可靠性决定猪场的长度。再者就是搞好诱情、配种及除虫等相关工作，明确饲养计划方案。

 # 母猪如何快速产仔

母猪分娩时快速产仔，有助于提高整个猪场的经济效益。产仔快的母猪体能损耗小，产后恢复快，仔猪死亡率也会降低。母猪分娩时间过长，会明显提高仔猪死亡和母猪患产后综合征的概率。那么如何让母猪分娩时快速产仔呢？

1. 品种的选择

选择优质、健康的种猪，是保证母猪快速产仔的首要条件。选择的母猪最好品种优良，身长蹄壮，外阴与奶头发育良好。

2. 饲养管理

饲养管理方面：有条件的，可以适当增加母猪的运动量。母猪适当运动能够促进新陈代谢，减少难产的概率。

饲喂管理方面：要给予母猪足够的营养物质和水，保证其身体状况。提高母猪的饲喂管理水平，能够有效提高母猪产仔速度。

3. 环境管理

母猪所处的产房环境，要保证合理的温度湿度，以及圈舍内空气的流通。夏季高温季节母猪容易出现热应激，容易导致母猪分娩时间延长，所以夏季做好降温防暑，有利于母猪加快分娩速度。

4. 后备管理

后备母猪不宜配种过早。数据显示，配种过早的母猪难产率会提高，建议配种时间为 6~7 个月体重 130~140 千克为最佳状态；后备母猪产前一个月不建议过多饲喂，防止仔猪过大，建议产前功胎期每天饲喂 2.7~3.0 千克即可。

缩短母猪产程方案

(1)产前一周每天1升的熟豆浆。

(2)夏季做好母猪防暑工作,饲料内加入小苏打,饮水中加入维生素C,减少热应激。

(3)从产仔第二头开始打吊瓶。

吊瓶1:5%葡萄糖500毫升、维生素C20毫升、辅酶A10毫升、缩宫素2~3支。

吊瓶2:0.9%生理盐水500毫升、头孢噻呋2支、恩诺沙星2支。

猪群最佳免疫程序

◆ 仔猪免疫顺序

(1)仔猪出生当天滴鼻免疫高效伪狂犬病1头份(左右鼻孔各0.5毫升)。

(2)3日龄补铁,每头1毫升。

(3)7日龄补硒,每头1毫升。

(4)14日龄免疫圆环1毫升。

(5)21日龄母仔同免高效猪瘟(母猪4头份,仔猪2头份)。

(6)到保育之后35日龄免疫伪狂犬病1头份。

(7)45日龄免疫高效猪瘟2头份。

(8)口蹄疫疫苗可以选择9—10月全群注射。也可以仔猪出生55日龄首免,75日龄二免。

◆ **母猪免疫**

(1)母猪每年普免3次伪狂犬病疫苗,不用错开配种时间。

(2)秋冬季节,母猪产前40天免疫腹泻三联疫苗1头份(交巢穴注射)。

(3)母猪普免2毫升圆环疫苗,一年2~3次。

(4)产前20日龄加强免疫1头份腹泻三联。

(5)母猪驱虫保健时避开哺乳期和配种15天内。

(6)母猪配种前需要做两次细小病毒疫苗,间隔20天。

备注1:免疫时一定要在猪群健康稳定时,若极个别猪出现过敏情况,可注射盐肾上腺素或地塞米松脱敏。大型猪场可以考虑做蓝耳疫苗。

备注2:猪如果蓝耳双阴不需要做苗,但每次引种需要坚持检测。

也可以进行如下操作:

猪场免疫程序

	普免			季节性疫苗	
母猪	猪瘟	伪狂犬病	圆环	口蹄疫	胃流二联苗
	一年免疫三次 每种疫苗间隔7天最佳 配后产前20天不做苗			9月初做一次 10月初做一次 3月初做一次	产前45天一次 产前20天一次 活+灭
后备	打两遍细小病毒疫苗 200斤做一次,240斤做一次(配种之前) 注:细小属于灭活苗,第一次属于基础苗,第二次属于加强,效果会更好。				
猪羔	①出生当天就滴鼻伪狂犬病活疫苗　②3天打生血素(后腿) ③7天要注射亚硒酸钠维生素E　④15天打圆环疫苗 ⑤21天后打猪瘟疫苗　⑥55天左右时注射口蹄疫苗				

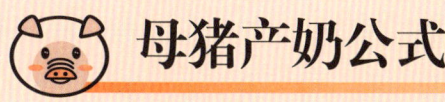

母猪产奶公式

　　通常行业公认:母猪吃1斤料产2斤奶,4斤奶长1斤仔猪(1公斤=0.5千克)。母猪在哺乳期间的采食量,某种程度决定了断奶仔猪的断奶重。从母猪采食量判断仔猪生长,料肉比一般在2.5左右。有这样一个公式:母猪的采食量/仔猪体重=2.5。举例:整个哺乳期母猪吃300斤料,则300斤÷2.5÷10头=12斤;若母猪吃350斤料,则350克÷2.5÷10头=14斤。显然母猪哺乳期的日采食量很关键,尤其是夏季炎热,更要保证母猪降温防暑。

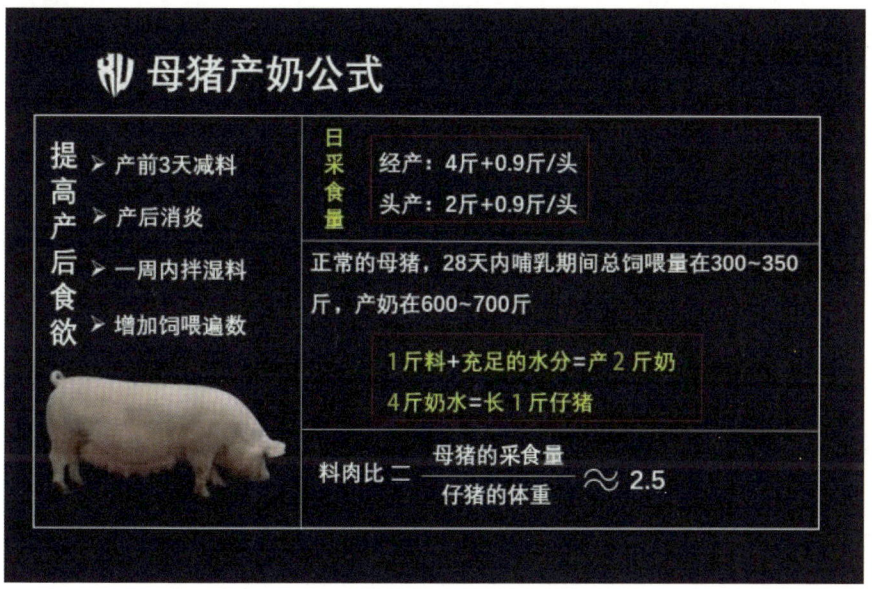

 # 母猪淘汰标准

有一些散养户，母猪半年不发情还在饲养，当问到原因时，理由是舍不得。养殖生产中，有时需要果断淘汰差母猪。

胎龄结构上，种猪群中各产次母猪的比例要保持稳定，头产母猪占20%，2～6产母猪占70%，7产及以上母猪占10%为最佳。养殖生产中母猪的结构很关键，很多猪场往往一次性培养一批小母猪，最后出现集体老龄化。改变这一弊病，就需要猪场时刻保持1/5比例的后备母猪群体，随时补充各种原因淘汰的母猪。

母猪的使用有一定的年限，通常要淘汰已连续产7胎的母猪，如果母猪的母性、产仔数量、哺乳质量等特别好，可以延长淘汰时间，但最长不能超过9胎。

◆ **母猪淘汰标准**

（1）母猪断奶后30天内不发情，及时补充后备母猪，不发情的母猪即可淘汰。

（2）母猪连续2个胎次产后没奶或奶水不足，即可淘汰。

（3）母猪有严重肢蹄病、关节炎等行走不正常的问题，超过15天仍不能恢复，即可淘汰。

（4）母猪体重过胖时，在产床容易压坏仔猪，同时日营养需求明显提高，包括母猪过瘦常导致不发情，即可淘汰。

（5）连续2胎以上产仔数少于9头仔猪的母猪，即可淘汰。

（6）淘汰母性不强，拒哺、弃仔、食仔，并屡教不改的母猪。

（7）患有乳房炎、子宫炎、阴道炎，经药物处理而久治不愈的母猪，即可淘汰。

(8) 难产、子宫收缩无力、产仔困难,连续2胎以上需要人工助产的母猪,即可淘汰。

(9) 淘汰连续流产2次以上的母猪。

(10) 每年2次常规血清检测,淘汰野毒阳性的母猪。

 # 母猪预产期的推算

在母猪配种受孕后,需要准确推算母猪的预产期。母猪预产期通常认为是114天,但受品种、年龄、饲养环境等因素影响,产仔时间可能会提前或者延后,一般前后差2天以内为正常现象,预产期超过2天以上仍未分娩,需要及时处理。推算出母猪的预产期,可以提前做好接产准备,提高产房仔猪的成活率。

以首次配种当天为第一天计算,母猪的预产期是115天;以首次配种第二天开始计算,母猪的预产期是114天。查表法可以确定母猪的预产期,往往是最简单、最准确、最实用的方法。

母猪的配种日期在1月1日—9月8日,预产期在当年;配种日期在9月9日—12月31日,预产期在来年。

◆ 三三三推算法

配种日期加3个月3周3天就是分娩日期,即:

$30 \times 3 + 21 + 3 = 114$ 天

◆ 加4减6法

30×4-6=114(容易错,不常用)。

如配种月为1、2、11月,则分娩日期是加4减6;配种月为12月,则分娩日期为加4减7;配种月为3、4、6、8、9月时,则分娩日期为加4减8;配种月为5、7、10月时,则分娩日期是加4减9。本方法由于比较复杂,容易出错,一般不作为推算使用。

备注:大月(1月、3月、5月、7月、8月、10月、12月)为31天,需要把多余的这一天减去;闰年2月是29天,计算时也需要减去一天。

举例1:一头母猪如果是在5月8日配的种,推算其预产期是5+3=8月,8+21+3=32日,由于5月和7月均是31天,所以还需要减去2天,即:8月30日为预产期,而不是9月2号。

举例2:配种日期是2011年11月9日,推算预产期是2012年3月3日,但是由于2012年是闰年,所以预产期应该为3月2日。

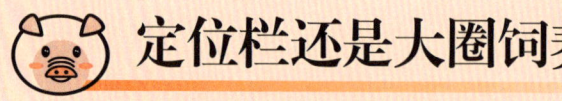

定位栏还是大圈饲养

母猪定位栏和大圈饲养各有优缺点,如果圈舍空间允许的话,大圈饲养比定位栏饲养对母猪的损伤更小。考虑到建设成本,针对母猪猪舍的建造方式,目前多数养猪户采用了限位栏饲养,慢慢淘汰了传统的地面饲养。

地面饲养的缺点:地面需要的占地面积大,养的母猪少,母猪管理和猪粪清理比较麻烦，需要的人工量大，地面饲养如果不安装保温层，冬季地面冷应激对母猪的损伤依然很大。

地面饲养的优点：由于地面饲养面积大，利于母猪活动，有利于生产，容易展示猪的天性，比如其发情时会在圈舍内转圈走动、爬墙等。

限位栏饲养的优点：就是养的数量多，便于管理、打针。猪有专门的食槽，饲料卫生干净，较少有疾病的传播。

限位栏饲养的缺点：母猪便秘问题、母猪肢蹄病问题，以及难产问题会多发，控制不好会影响母猪使用年限。

其实，现在很多养殖场，怀孕母猪采用半限位栏饲养，既节省了圈舍空间，又提高了母猪的运动量，间接减少了定位栏母猪的一些常见病。

 # 母猪输精注意事项

◆ 授精前准备

(1)母猪按摩:作用是刺激和提高母猪的性兴奋度,促使母猪子宫收缩,为人工授精做准备。同时冲洗干净外阴,防止将细菌等带入阴道。

(2)输精管选择:输精管一般有螺旋头型和海绵头型。螺旋头型适合于后备母猪的输精,海绵头型适合于经产母猪的输精。当然,输精管选择哪种不是必要的。

(3)授前处理:检查精液的活力,输精管外的膜不要过早摘除,防止被污染,输精前海绵头上要均匀涂抹润滑剂,减少对产道的损伤。

◆ 授精时机

母猪的受精最佳时机就是静立不动,黏液变稠,外阴红肿渐消。根据生产经验,一般建议在断奶后6天之内发情的母猪,出现静立反射后8～12小时进行首次输精;断奶后7天以上发情的经产母猪、后备母猪、返情母猪,出现静立反射后马上输精。间隔8～12小时再进行2次输精。

◆ 授精操作

用手打开阴门,向上斜45°角插入输精管,连接好输精瓶或输精袋,轻压瓶(袋),并用夹子把输精管固定在尾荐部的毛根上,等待母猪把精液吸入。吸入干净后,把输精瓶(袋)拿掉,用配套的栓子堵住输精管口,防止精液倒流。最后,顺时针转动输精管,使其脱离子宫颈口,输精过程结束。

注意事项

(1)人工授精的各个环节均应注意无菌操作,各种器械、药品、手臂应严格消毒。

(2)每头母猪每次输精都应使用一条新的一次性输精管,防止子宫炎的发生。

(3)输精时精液活力越高,有效精子密度越高,授精效果越好。

(4)如果在输精时,精液倒流,应将精液瓶(袋)放低,使生殖道内的精液流回精液瓶(袋)中,再略微提高精液瓶(袋),使精液缓慢流入生殖器。

(5)人工授精后不要让母猪直接趴下,防止精液倒流,影响配种效果。

(6)如果在输精时有出血现象,完成这次配种后要打消炎针,连打2~3天。

◆ **配种时的常见问题**

(1)防止近亲交配。近亲交配会产生退化,使产仔数减少,即使产下活的仔猪,也往往体质不强、生长缓慢。

(2)公、母猪体格不能差别太大。如果母猪太小或后腿太软,公猪体格过大,易使母猪腿部受伤。如果公猪过小,母猪太高大,则不能使配种顺利进行。

(3)母猪采食后半小时内不宜配种。刚采食完的母猪腹内充满食物,行动不便,影响配种质量,配种时体力消耗较多,影响食物消化。

(4)应选择一天当中合适的时间配种。夏季中午太热,配种应在早晨进行;冬天早上太冷,则应适当延后。

配种的最佳时间

猪配种的最佳时间是在母猪排卵前3小时,不同杂交品种的母猪一般在发情后15～35小时开始排卵,最佳的配种时间大概是母猪发情后12～32小时。

老话说:老配早,少配晚,不老不少配中间。对于初产母猪要稍微推迟配种,静立偏过时再配种往往母猪会高产,一般是发情后第三天开始配种;对于青年母猪应该准时配种,当母猪骑跨静立、耳朵直立时配种为最佳状态,一般在发情后第二天(发情24小时左右)配种;对于年老母猪需要提早配种,不需要等母猪静立就可以配种,这样往往会提高母猪产仔率,一般发情后12小时就可以配种。首次配种后间隔12小时需要再次配种。

◆ **外表观察**

正常情况下,母猪发情时水门开始肿胀,当肿胀程度由亮肿状态变为开始有褶皱,水门黏液由淡薄水样变得黏稠(用食指和拇指可以拉丝)时,骑跨后背静立不动、耳朵直立,为最佳配种状态(见下图)。

不同品种、不同年龄的母猪,排卵时间有差异。我国本地品种猪的特点是排卵晚、持续时间长,一般发情3天左右才配种;国外引入品种猪的特点是排卵早、持续时间短,一般发情第二天就配种。

◆ **发情时间决定排卵时间**

(1)断奶4天以内发情的母猪(前沿发情母猪)一般在出现静立反应后30～40小时开始排卵,排卵时间持续4～6小时。

(2)断奶5～6天发情的母猪(正常发情母猪)一般在出现静立反应后27～32小时开始排卵,排卵时间持续4～6小时。

(3)断奶7天以上发情的母猪(滞后发情母猪)及后备母猪一般在出现静立反应后15～27小时开始排卵,排卵时间持续4～6小时。

(4)压背反射是母猪发情的最高峰时期,意味着母猪的排卵时间即将来临,这期间配种可提高母猪的受胎率和产仔数。

◆ **母猪发情的周期特征**

发情前期: 母猪举动不安,外阴肿胀,并由淡黄色变为红色。这种变化在后备母猪中较为明显,阴道有黏液分泌,其黏度渐渐增加。在此期间母猪不允许人骑在背上,不宜输精配种。

发情期: 平均约2.5天,特征为母猪阴部肿胀及红色开始减退,分泌物也变浓厚,黏度增加。此时母猪允许压背而不动,压背时,母猪双耳竖起向后,后肢紧绷。

发情后期: 1～2天,发情母猪的阴部完全回复正常,不允许公猪爬跨。

◆ **配种数据**

(1)母猪排卵时间:站立发情开始26～46小时。

(2)95%卵子在同一时间排出。

(3)卵子排出后存活时间不超过6小时。

(4)公猪精子排出后存活时间为18～24小时。

(5)精子获能需要6～8小时。

(6)精子进入子宫后最佳活力持续12小时。

(7)一天检查2次母猪发情:上午9点,下午5点。

◆ **母猪排卵配种的笨方法**

(1)一天检查1次,发情即配。

(2)一天检查2次,推迟半天配种。

(3)一天检查4次,24小时后配种。

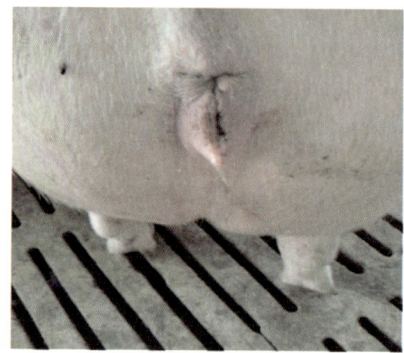
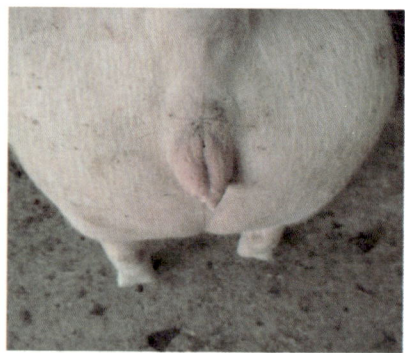

发情前期

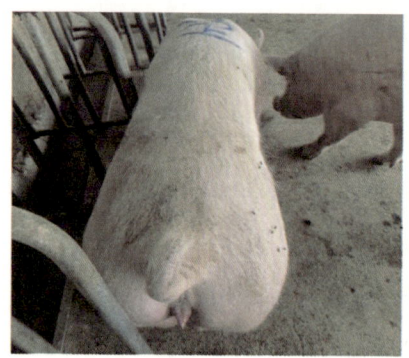
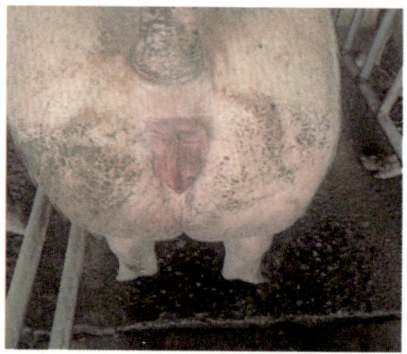

发情中期

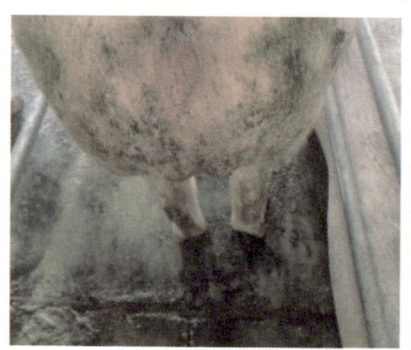
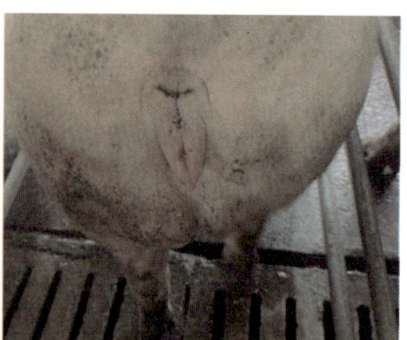

发情后期

母猪返情如何处理

导致母猪返情的原因

(1)饮食不合理。母猪饲养时是非常依赖营养的,如果饮食不合理、缺乏营养,就会影响发情的正常进行,引发母猪的返情。

(2)环境不适宜。母猪在发情期需要一个适宜的环境,温度和湿度都要适宜,空气流通,否则会影响母猪的发情。尤其是夏季高温,常引发母猪配种失败。

(3)生理因素。母猪在生理周期中,由于激素水平的变化引起的生理反应,如激素失衡、排卵异常等,都有可能导致母猪的返情。

(4)疾病因素。母猪的子宫内膜炎是导致母猪返情最主要的疾病因素,包括蓝耳、伪狂犬、霉菌毒素中毒等很多疾病都会导致母猪返情。

(5)其他因素。公猪精液质量不合格、配种时间不准确,都可导致母猪出现返情现象。

◆ 返情母猪如何处理

母猪返情后要加强饲养管理,改善圈舍条件。当母猪出现恶露的情况,建议清宫处理后再配种。有轻微炎症的母猪清宫后可直接配种,严重的需要连续清宫2~3次后,下个情期再配种。当然,有严重恶露的母猪建议淘汰。

◆ 清宫方法

(1)使用人用的妇炎洁。

(2)用1升生理盐水+2支缩宫素清洗后,再使用1000万单位的青霉

素 +300 万链霉素+100毫升甲硝唑消炎处理。

对于返情母猪需要检查免疫程序,如细小病毒、伪狂犬苗等(有条件的检测蓝耳抗原抗体),没有按标准免疫的及时补充疫苗。养殖生产中,最关键的是考虑母猪饲喂营养是否达标,饲喂的低档母猪料应该及时更换。

注意事项

为提高返情母猪的配成率,可在配种前1小时打3支促排3号。

◆ **规则返情与不规则返情原因分析**

在不同的时间段,母猪返情往往代表着不同的意义。

1. 规则返情

21天或42天左右返情,说明发情鉴定准确,但出现受孕失败。出现此现象的原因可能是:输精后30天内的管理应激因素(过度驱赶、疫苗注射、混群打斗、舍内持续高温等);输精时倒流过多,授精失败;精液质量不合格;母猪由于各种因素未排出成熟卵子。

2. 不规则返情

(1)20天内返情(通常在18~19天)的原因可能是:发情鉴定不准确,配种过晚;发生导致高热的疾病(特别是猪瘟、流感)。

(2)24~39天返情,主要就是指配种后的3~4周发生问题造成胚胎损失,是非管理因素,原因可能为:疾病所致胚胎吸收或妊娠失败;母猪遗传型的个体差异;泌乳期太短,子宫尚未完全恢复。

(3)妊娠中期(45~105天)的未孕返情,如果未见到确切的流产,则是由于妊娠鉴定的疏漏造成的;如果确切观察到明显的中期流产,则可能是由细小病毒、乙型脑炎病毒和流感病毒等最为常见的病原体引起的

感染,尤其是南方以及北方初夏季节极易出现。

(4)106天以上的流产/早产除了管理因素外,应该留意是否有蓝耳病毒感染。

如何判断母猪是否怀孕

判断母猪配种后是否怀孕,是让很多养殖从业者比较头疼的事。在养殖生产中,需要多方面综合判断母猪是否怀孕,现列出多种判断方法。当然,到目前为止最准确的还是采用B超检测。

1. 根据发情周期

一般情况下,母猪发情配种后,经过一个情期(一般为21天)不再发情,可初步判断已经怀孕。

2. 根据母猪的表现

怀孕后的母猪一般贪吃,贪睡,膘情恢复快,吃料速度快,水门缩成一条线,尾巴下垂。

3. 看奶头变化

母猪配种40天后,观察奶头根部是否有红圈,有红圈的母猪一般确定怀孕。

4. 激素刺激法

配种18天左右的母猪,肌肉注射乙烯雌酚1毫升,如注射后2~3天没有发情表现,说明已经怀孕。

5. 试剂检查

怀孕20天后，选择清晨母猪尿液进行检测(同人检测的操作方法一样)，但这种检测的准确度目前还不高。

6. B超检测

B超检测是最直接、最标准的检测方法，好的检测员甚至可以检测出母猪卵泡的发育情况和怀孕仔猪的数量。但注意，为了生物安全，B超机在不同猪场间最好不要交叉使用。

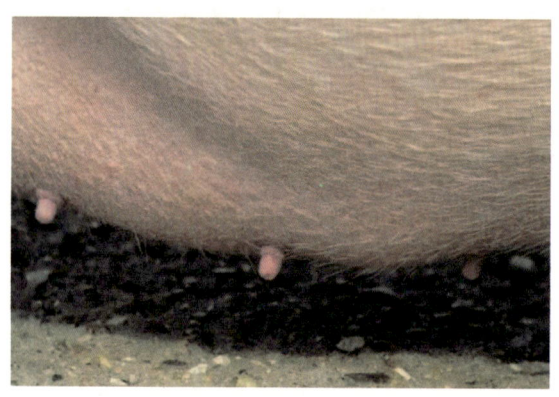
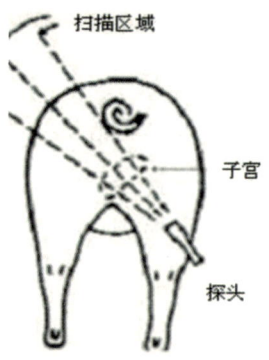

母猪围产期管理

"配种是基础,分娩是关键",分娩是母猪最大的一个应激,大多数仔猪的死亡也发生于围产期内,由此可见母猪围产期管理的重要性。围产期管理指的是母猪上产床至产后一周内的管理。

◆ **产前管理**

1. 饲喂量和饲喂方式

母猪临产前3天应开始适当减料,以不少于2千克/天为宜。如果不减料,母猪分娩后由于腹压骤然降低,可能引起母猪无乳症,从而影响哺乳母猪的泌乳。产后母猪需要逐渐加料,为提高母猪产后食欲,可以短期饲喂潮拌料。

2. 温度和湿度

产前母猪最适宜的温度为18~22℃,湿度为65%~75%。若冬季湿度过大,可在返潮的地面撒上石灰,并及时更换。

3. 临产前的准备

(1)准备好保温垫,保温箱内悬挂红外线灯,调试好备用,产前1~2小时接通电源。

(2)准备好干净的毛巾(或棉布)、脸盆、石蜡油、消毒液(如0.1%高锰酸钾)、5%碘酊棉球、剪耳钳、断尾钳、仔猪称重车、血维素、缩宫素、消炎药、产仔记录表等。

4. 母猪临产前的征兆

阴户肿大,尾根塌陷,乳房肿胀发亮,有时可挤出少量乳汁,坐卧不安,不食或平静躺下,阵痛开始,或犬坐,频频排尿。当最后一对乳头能

挤出量多质浓的乳汁时,1~2小时后将产仔,当阴户流出黏液或胎粪时,即将产仔。

◆ **分娩、助产、人工护理**

1. 母猪分娩

当天一般不喂料,但要供应充足的饮水,鼓励母猪站起来喝水。

2. 分娩

仔猪产出后,立即用毛巾将仔猪口、鼻内的黏液擦掉,然后再将身上的黏液擦掉,待脐带停止跳动后,将脐带内的血液适当捋向仔猪腹内,然后在距仔猪5厘米处,用指甲将脐带掐断(最好使用专用脐带扣),断端用5%碘酊消毒,再将小猪放入保温箱内。因为出生仔猪最适宜温度为34℃,而母猪则为18~22℃,这本身就是矛盾的,产房环境温度还是应该以适合母猪为主,开始产仔时室温可以升至23℃,而仔猪需要小环境的合适温度,所以必须备有保温箱或加热板。

一般产仔结束后约30分钟,胎衣分两堆产出,当胎衣的最后一端形成堵头时,全部产出。也有些母猪产下一侧子宫角的仔猪后,排出这侧子宫角的胎衣,然后再排出另一侧子宫角的仔猪,再排出一堆胎衣。注意:千万不要用手去拉还悬挂在母猪阴户上的胎衣,否则会拉伤母猪的产道,引起感染、发热、不食、无乳。

在规模场,仔猪出生后24小时内,应进行打耳号、称初生重和窝重、剪犬齿、断尾、伪狂犬免疫等常规操作。值得一提的是,断尾最好采用电热断尾钳,因为它集断尾、消毒、止血等功能于一身,操作更便捷。

对于出现假死症状的仔猪,要及时抢救。方法如下:

(1)倒提起仔猪后肢,用手拍打仔猪背部,直至仔猪出现叫唤声。

(2)用酒精涂抹仔猪鼻部,以刺激其出现呼吸运动;判断假死猪,依据为手捏脐带基部有跳动感。

◆ **消毒工作**

上产床前饲养人员需要对母猪的产床彻底清洗消毒,消毒可以使用2%的火碱,消毒后需要再次清洗一遍。消毒在母猪上产床前3~5天操作为最佳。

 # 母猪配种前后如何管理

母猪在断奶后需要短期优饲,此期间宜饲喂功能型母猪妊娠料,当妊娠料档次低时,可在断奶后继续喂哺乳料。断奶后在母猪料内加入葡萄糖和维生素E可提高母猪发情率。

当母猪准备配种的时候,养殖者可将它赶到怀孕时待的地方。有些是定位栏,有些是大圈,都没有问题。配种之后尽量使其减少运动,这样会让胚胎更好地着床。

配种后母猪有3个危险期:

(1)配种后3天内,是精卵结合期,禁止剧烈运动。

(2)配种后7~14天,是受精卵的着床期,禁止剧烈运动。

(3)配种后第三周,是胚胎器官形成期,禁止剧烈运动。

配种后21天内,要适当减少母猪饲喂量。一般日饲喂1.8~2.0千克为最佳,如果饲喂过多,母猪积累的能量就会多,血流就会加快,血液的高糖会刺激胰岛素的分泌,胰岛素可以促进促卵泡素的分泌,最终会影响孕酮的减少,间接影响胚胎在子宫的着床。错误的饲喂会影响产仔数。

限饲时间内，可以增加麸皮或者青绿饲料的饲喂，从而减少便秘情况并且增加饱腹感。

告别母猪二胎综合征

二胎综合征是指头胎母猪进入第二轮生殖周期时，出现断奶后体况损失太大（＞10%体重）、断奶后7天内发情率偏低、返情或再次配种困难、二胎产仔数减少（一般比第一胎减少20%以上）、头胎淘汰率高（一般超过20%）等现象。

导致母猪二胎综合征的病因比较复杂，涉及营养平衡、日常管理、疫病等，猪场可将防控重点放在后备母猪的日常饲养管理上。

◆ 营养欠缺

后备母猪培育期因成本控制问题未能饲喂专用后备母猪料，有的甚至还使用育肥猪料进行催肥，导致维持母猪繁殖性能的生殖营养欠缺。妊娠期同样要保证营养充足，饲料营养一方面要满足胎猪发育，另一方面也要满足自身继续发育的营养需求。如果妊娠期饲养管理不科学，后备母猪自身与胎猪争抢营养，就会导致母猪二胎综合征。

◆ 过早初配

后备母猪发情后为最大限度榨取母猪效益，急于配种，忽视母猪初配年龄、体重和膘情。后备母猪发情时体成熟会滞后性成熟一段时间，过早配种，极易出现难产等问题，导致二胎综合征的出现。

◆ **霉菌毒素蓄积性中毒**

为降低饲料成本，有的养殖者一味采购质量较差的饲料原料，母猪长期采食霉菌毒素超标饲料，导致霉菌毒素蓄积性中毒，从而造成生殖系统和免疫系统的损伤。

◆ **母猪哺乳期失重**

母猪初胎哺乳期吃得少，仔猪吸奶能力强，营养存在供不应求的情况，初产母猪掉膘比经产母猪尤甚。这时如果母猪哺乳期营养供给不当，造成初产母猪哺乳期体重减少过多，体脂少，背膘薄，那么将直接导致母猪断奶后不能及时发情。

◆ **患子宫内膜炎**

母猪围产期缺乏有效管理，生殖系统出现急性、隐性子宫内膜炎。产前、产后7～10天是母猪应激最强烈阶段，抵抗力下降，此时是母猪体质最弱的时期。生殖系统极易感染病原微生物，母猪出现子宫内膜炎，会暂时或终身失去繁殖能力。

◆ **感染繁殖障碍性疫病**

母猪感染伪狂犬病、蓝耳病、附红细胞体、猪瘟、衣原体等繁殖障碍性疫病。

告别以上导致母猪二胎综合征的因素，就会轻松解决此难题。

 # 为啥头产母猪易难产

　　一般头产母猪的难产率明显高于经产母猪。导致头产母猪难产的因素有很多，只要把以下几点做好，母猪就不容易难产。

◆ 母猪的选择

　　选择母猪很关键，骨盆狭小的母猪不能要，有的母猪后丘坚硬，同时后腿间隙狭小，这样的母猪不建议留。

　　母猪的水门虽不要求特别标准，但是水门明显小的(一般都上翘)不建议留。

　　要选择长身腰、外阴标准的母猪。

◆ 后备母猪料的使用

　　很多养殖从业者不给后备母猪选择专业的后备母猪料。事实证明，猪后备期间饲喂优质后备料比饲喂优质仔猪浓缩料发情率高20%～30%。饲喂阶段：60千克配种为最佳。后备期间饲喂优质后备母猪料的母猪难产率明显比饲喂育肥料的要低。

◆ 配种的时间

　　外二元(或三元)母猪一般性成熟时间是5～6个月，体成熟是6～7个月。所以一般第一次发情不配种，选择在第二次，最好是第三次发情再配种为最佳。配种过早是很多猪场出现难产的主要因素之一。

◆ 饲喂的方法

　　与经产母猪不同，头产母猪配完种短期限饲后(一般3周内即可)，即怀孕22～70天之间，每天需要饲喂3千克优质母猪料为最佳(经产母猪一天饲喂2.0～2.5千克)，因为后备母猪要满足自身生长发育需要，很多养殖新手不敢多喂，导致母猪产仔时体重不足，难产率高。

怀孕母猪的特点为，产前一个月是仔猪快速发育时期(仔猪2/3体重在这期间增长)，经产母猪需要加料，而头产母猪要减少饲喂，一般日采食量为2.50~2.75千克。不能低于2.5千克，低于2.5千克，容易造成仔猪营养不良。

备注1：前期不敢喂，耽误母猪生长，后期使劲攻胎，导致仔猪过大，是很多母猪难产的最主要因素。

备注2：头产母猪怀孕前期多喂不会导致仔猪过大，仔猪的2/3体重是在妊娠最后一个月增长的，前期主要是仔猪器官和骨骼的发育期。

母猪的热应激

"仔猪怕冷，母猪怕热"，母猪的脂肪层更厚，由于猪的汗腺不发达，当母猪产热大于散热时，便容易发生热应激反应。夏季高温是母猪热应激的高发期。

夏季高温会导致母猪采食量下降、喘气明显增加、中暑常发等问题，甚至每年7—8月配种的母猪，后期死胎率都会比一年中其他时间要高。

◆ **解决方案**

对于规模场，有水帘设备会更好地解决母猪热应激情况(产房不适合安装水帘)，但大多数家庭农场和散养户并不具备安装条件。所以建议母猪定位栏上面安装水龙头或者滴水装置，使水滴正好滴在母猪的颈部，散户更多使用软管扎眼的简易操作。每分钟滴40~60次为最佳。

滴水法配合风扇一起使用,效果会更好,因为风扇可以加速水的蒸发。

夏季饮水中加入维生素和薄荷等也会减少母猪的热应激。本着夏季猪群饮水"常校水"的原则,可以让猪喝凉水。

为减少母猪夏季产仔应激,可以让母猪在夏季晚上产仔猪。

具体操作: 在母猪怀孕112天的晚上10点打2支前列烯醇,母猪一般会在113天晚上6—8点产仔。

◆ **母猪中暑解决方案**

可以给中暑的母猪全身冲凉水,灌服人用的藿香正气水,接着给猪灌一瓶冰镇的凉啤酒,一般就会好转。中暑严重的情况下,首先耳尖放血,解除颅内压;接着打呋塞米,解除肺水肿。

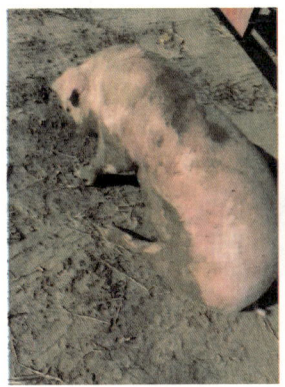

必要情况下,肌肉注射樟脑磺酸钠,另配合维生素C。

静脉注射方案: 500毫升生理盐水+樟脑磺酸钠10毫升+维生素C20毫升+清开灵20毫升。

# 如何提高哺乳母猪采食量

母猪在哺乳期间的营养需求量，根据仔猪的数量决定。一般母猪自身需求的维持量是3斤(1.5千克)，每增一头仔猪需要增加0.9斤(0.45千克)饲料，按10头仔猪计算，母猪日采食量不应该低于0.9斤×10头=9斤+3斤=12斤(6千克)。

但是，很多母猪面临采食量不足的问题，采食量不足就会间接地影响奶水，理论上，1斤(0.5千克)料加充足的水可以产2斤(1升)奶水。

◆ **母猪采食量低的原因**

夏季高温会影响母猪采食量，据有关报道，当圈舍温度超过23℃，每超过1℃，哺乳母猪日采食量就会减少0.1～0.2千克，若圈舍温度超过33℃，采食量会减少30%以上。

母猪产后便秘、饮水不足以及产后炎症都会影响采食量。

解决方案

增加母猪的饲喂频次，夏季从一天3顿改为一天4顿，冬天从一天2顿改为一天3顿。适当地饲喂青绿饲料也会提高母猪的食欲。母猪产后喂潮拌料会增加母猪的食欲。错开一天中的高温饲喂，母猪的食欲会更好些。

 # 养好母猪五要素

养好母猪的五要素分别是：管理、免疫、饲料、消毒和保健。

◆ 管理方面

良好的环境卫生、相应的温度和湿度、合理的通风环境是养好母猪的环境管理基础。养殖者的细心是养好母猪的基本保障。

◆ 免疫方面

疫苗免疫是一个猪场安全最主要的保障，该接种的疫苗正确接种，没用的疫苗不用接种。

细菌苗可以选择不接种，病毒苗选择必要的接种，如后备母猪配种前的两遍细小病毒苗，每年三次的伪狂犬病疫苗普免，母猪每年两次的猪瘟疫苗的加倍注射等，每年9—10月的全体猪口蹄疫疫苗等。

◆ 饲料方面

营养免疫是指，好的营养会提高猪群整体的健康程度。母猪、仔猪、肥猪都应该有最好的营养。营养差的猪群，母猪产仔普遍偏少，均匀度不好，仔猪腹泻率高，育肥猪生长速度减慢。这样的猪群更容易引发各种疾病。

◆ 消毒方面

消毒是一个猪场最后的安全保障。很多养殖者不重视消毒，本着"不卖猪不消毒，周围没疾病不消毒"的错误观念。

消毒应该是全方位的，包括对人员的消毒、车辆的消毒、圈舍的消毒，甚至原料的消毒等。

◆ **保健方面**

要注意对母猪的保健工作。注意维生素和矿物质的补充、铁元素的补充，以及保证钙磷平衡。同时，可使用糖铁素净化母猪，防控病毒疾病，使用糖铁素几乎没有药物残留。补铁时若担心注射生血素会导致母猪应激，可以给母猪饲喂蛋氨酸络合铁。多给母猪吃南瓜对其健康有益。

寄生虫对母猪的危害

寄生虫分体内寄生虫和体外寄生虫两大类。体内寄生虫主要有蛔虫、鞭虫、结节线虫、肾线虫、肺丝虫等。这几种体内寄生虫对猪机体的危害均较大。成虫与猪争夺营养成分，移行幼虫破坏猪的肠壁、肝脏和肺脏的组织结构和生理机能，造成猪日增重减少、抗病力下降等。体外寄生虫主要有螨、虱、蜱、蚊、蝇等，其中以螨虫对猪的危害最大。体外寄生虫除干扰猪的正常生活节律、降低饲料报酬和影响猪的生长速度以及猪的整齐度外，还是很多疾病如猪的乙型脑炎、细小病毒、附红细胞体病等的重要传播者，会给养猪业造成严重的经济损失。

◆ **最常见的两种寄生虫——疥螨和蛔虫**

1. 猪疥螨

病猪以剧烈痒觉为特征，躁动不安，食欲降低，生长缓慢，饲料报酬下降，因此疥螨是严重危害养猪生产的疾病之一。病变通常先在耳部发生，耳部皮屑脱落，进而出现过敏性皮肤丘疹，之后逐渐蔓延至背部、躯

干两侧及后肢内侧,背部常表现有老皮。猪常在猪栏、墙壁等处摩擦,严重时造成出血、结缔组织增生和皮肤增厚、局部脱毛。

2. 猪蛔虫

该病主要危害 2~6 月龄的猪。病猪一般表现为生长缓慢、消瘦,被毛粗乱无光,采食饲料时经常卧地,有时咳嗽、呼吸短促,甚至粪便带血。蛔虫的寄生破坏了胃肠道黏膜,妨碍营养吸收;蛔虫还与猪机体争夺营养,并且分泌一些毒素影响猪的生长发育,使得猪饲料报酬降低。

蛔虫幼虫移行经过肝脏,造成肝脏坏死变性、结缔组织增生,出现"蛔虫斑",导致屠宰时肝脏废弃率增加而造成经济损失。蛔虫幼虫移行损伤肺,造成蛔虫性肺炎,引起喘咳和呼吸困难。幼虫侵袭造成的病变,易造成细菌或病毒的继发感染。

◆ **寄生虫对母猪的其他影响**

1. 导致母猪发情不正常

寄生虫感染严重的母猪可能导致不孕或流产,且能使幼猪的生长遭到阻碍。寄生虫也会使母猪体内的激素水平发生变化,导致繁殖周期不稳定以及雌激素配平下降等问题。

2. 导致母猪产仔量下降

母猪有寄生虫会导致皮肤瘙痒,擦蹭墙壁等处,母猪配种后的 21 天内,这种行为会直接导致产仔数降低。

3. 导致产房猪仔腹泻

母猪有寄生虫会休息不好,免疫力不高,奶水质量差,猪仔就很容易拉稀。

4. 影响产房仔猪生长速度

母猪体内的寄生虫会直接传染给仔猪,仔猪也会表现出擦蹭墙壁、睡眠不好、营养吸收不好、形体消瘦,进而影响生长速度。同时,由于仔猪的擦蹭行为,非常容易引发油皮病。

5. 导致母猪免疫力下降

寄生虫感染是一种慢性疾病,母猪在感染后,由于寄生虫会吸收母猪的营养,致使营养素供给不足,导致母猪体内对营养素的需求增加,从而导致身体免疫力下降。一旦母猪遭受细菌或病毒的攻击,它们就很容易生病。

母猪接产的步骤

◆ 产前准备

物品准备: 碘伏/高锰酸钾,氯前列烯醇,缩宫素,止血敏,输精管(难产时用来试探仔猪),爽身粉,脸盆,温水,干净毛巾,剪牙钳,结扎绳,注射器及消炎药物。

◆ 操作准备

(1)将母猪的乳房尤其是乳头彻底擦干净,一般是先清水再碘伏再清水的顺序。

(2)临产时乳头的奶要挤出来几滴,把乳头内的污染物排出。

(3)将保温箱温度调节到新生仔猪最适温度32～34℃。

◆ 接产顺序

(1)仔猪出生后,立刻掏出口鼻黏液,用爽身粉擦干身上的黏液,防止消耗仔猪的体热。

(2)对健康仔猪可直接断牙,上下8颗都断掉,弱仔不断牙,断牙时剪

掉1/2，不要贴根剪。断牙会减少母猪的乳房炎和仔猪油皮病的发生。

（3）灌服庆大霉素1毫升，新生仔猪没有母源抗体保护，容易细菌感染，引发腹泻。

（4）断脐带可以使用结扎绳，也可以使用脐带扣，断脐时预留5厘米脐带长度为最佳。

（5）及早吃初乳对于获得母源抗体保护非常重要，新生仔猪未吃初乳是无法成活的，主要是因为刚出生的仔猪没有抗体保护，吃初乳才会获得母体给的免疫球蛋白，提高自身免疫力。

（6）处理好胎衣，同时给母猪饮用温水，有条件的给母猪喝米汤或者麸皮汤，对母猪的体质恢复更好。

 # 解决母猪难产问题

导致母猪难产的因素很多，如产道狭窄、营养单一、仔猪过大、产力不足等。难产会提高仔猪死亡率，严重的甚至会导致母猪淘汰。

当母猪出现难产时，根据不同场景需要使用不同的解决方案。

（1）母猪羊水已破但迟迟不产仔猪的情况下，一般使用氯前列醇钠2支，促进宫口的打开。

（2）针对母猪产仔几头后，间隔超过30分钟不再产仔的情况，用输精管试探仔猪是否已进入产道，如仔猪已进入产道，则需要经验丰富的人进行人工助产；如仔猪未进入产道，则使用缩宫素2支进行水门注射，打

完缩宫素间隔30分钟还未进产道的,可以进行二次注射。

(3)如果遇到产道水肿需要静脉点滴消炎,也可以掰开肿胀的产道,使用青霉素粉直接涂抹,从而解除产道肿胀的问题。

(4)遇到产道特别狭窄的母猪,需要剖宫产,没有能力做剖宫产手术时,需要"保大舍小",事后把母猪直接卖掉。

(5)难产母猪产后容易发生恶露不净,可视情况进行产后清宫处理。

缩宫素与前列烯醇的用法

母猪难产时,很多养殖者不能很好地使用前列烯醇和缩宫素,造成效果不佳。那么在产仔过程中如何使用它们呢?下面简述缩宫素和前列烯醇的区别与应用。

◆ **缩宫素**

主要作用:用于引产、分娩时子宫收缩无力,产后出血和子宫恢复不全等,直接兴奋子宫平滑肌,强制子宫收缩,强制胎盘分离,模拟子宫正常收缩的作用,也有助于乳汁自乳房排出。

注意事项

只能用于产程过长和胎龄老化的母猪,在分娩时子宫收缩无力,方可使用。但是对于产道阻塞、胎位不正、产道狭窄的难产母猪忌用,易导致胎儿窒息死亡,使用时需要保证产道未见仔猪。

◆ 氯前列烯醇

主要作用：具有强烈溶解黄体的作用，同时兴奋母猪子宫，舒张宫颈，使孕酮下降，作用于卵巢的功能黄体，使其迅速溶解，达到诱导母猪产仔的目的，使用后24小时内母猪分娩。

注意事项

只能用于超出预产期时间过长还没有临产症状的母猪。对于能自然分娩的母猪，坚持让其自然分娩，母猪长期使用该药物会对其产生依赖性，因此不到万不得已不建议使用。

因此，对于以上两种药物在母猪难产时的使用是分情况的。

(1)氯前列烯醇，主要用于超期未分娩的母猪。在确定母猪预产期后，超出预产期3天以上，为了使母猪尽快分娩，可以使用。一般使用氯前列烯醇后24小时左右就会产生效果。

(2)缩宫素，主要在产程过长、老胎龄母猪产仔无力且产道顺畅、无难产的情况下才可使用。如果在难产或胎儿在产道中产不出来时使用，极易造成胎儿过早剥离，脐带断裂后缺氧而窒息死亡。缩宫素注射后会迅速起作用，但药效不持久，注射完缩宫素30分钟仍没效果，可进行第二次注射。

黄体酮对母猪的作用

黄体酮又叫孕激素或者孕酮，主要由卵巢黄体所分泌。孕激素的作用是保证受精卵的种植成功和维持母猪的妊娠。黄体酮主要作用如下：

(1)抑制排卵。孕激素可抑制下丘脑产生黄体生成素释放激素，以至黄体生成素分泌减少，从而间接阻止卵巢排卵，推迟发情时间。黄体酮可以用作母猪同期发情。

(2)同期分娩。氯前列醇钠只能让母猪提前或正常时间产仔，与氯前列醇钠不同的是，孕激素可以使母猪推迟产仔，实现同一时间接生不同个体的母猪。

(3)安胎。孕激素能抑制子宫平滑肌的收缩，降低子宫的收缩度，减少妊娠期子宫肌肉对催产素的敏感性，起到安胎的功效。

◆ 孕激素在养殖生产中的应用

(1)当发现母猪有流产迹象时，可以使用孕激素，可起到保胎功效。

(2)想让母猪不发情也可以使用孕激素。比如春节时，员工放假休息，使用孕激素可推迟发情日期。也有猪场将其用作同期发情。

母猪不发情如何处理

总结实践经验：提前3天断奶，就很容易告别母猪不发情。大量的经验证明，不发情的更多是28天或者超过28天才断奶的母猪。

由于母猪体瘦引起的不发情(除疾病消瘦)，应该短期优饲。优质母猪料里加入葡萄糖和维生素E，有条件的同时加入淫羊藿促进母猪发情。

体况正常的母猪不发情，可以限饲3天，每顿只喂1斤(0.5千克)配成料。同时，使用装猪笼把母猪抬到农用车上去，在砂石地面进行颠簸，一般每次不超过30分钟，会有助于母猪发情。

实在不发情的母猪需要药物治疗：首先注射氯前列醇钠2支，第二天注射PG600 5毫升促进发情，配种前再注射3支促排3号(促黄体素释放激素A3)，这种方法一般均可以配种成功，如21天母猪再返情或者B超检测没配上，建议淘汰。

如何解决母猪没奶的问题

如果说顺利产仔是母猪的发动机，那么奶水则是母猪的专号汽油，再好的发动机没有汽油也无法行走；产再好的仔猪没有奶水也无法成活。

◆ 导致母猪没奶的原因

1. 饮食不当

母猪饮食不均衡可能会导致乳汁分泌不足。母猪在怀孕和哺乳期需要更多的蛋白质、脂肪、维生素等营养物质。如果饮食不当，摄入的营养物质不足或不均衡，就会导致妊娠期母猪乳汁缺乏、产后母猪乳汁不足。产前攻胎过早也会影响母猪产奶。

2. 疾病和环境

母猪受到某些疾病或压力的影响，也可能会导致乳汁不足。常见的疾病包括子宫内膜炎、乳腺炎、伪狂犬病等(母猪产后3天左右突然没奶，应首先考虑伪狂犬病免疫情况，再考虑其他因素)。此外，母猪在生仔猪的时候，如果环境不卫生或者温度过低，也可能会导致乳汁分泌不足。

3. 遗传因素

母猪的乳汁分泌量与其基因有关。如果母猪本身就是有效腺泡不足的品种，那么产后也极有可能出现乳汁不足或没有乳汁的情况。

◆ 催奶的方法

(1)使用缩宫素静脉注射，缩宫素可以刺激母猪放奶，一般是300毫升葡萄糖+3支缩宫素+3支鱼腥草。

(2)使用优质蛋白质饲料，如优质的鱼粉和小鱼汤，有催奶功效。

(3)母猪产后的胎衣煮熟后，分3次给母猪饲喂，有催奶和促进母猪体质恢复的功效。切记，生胎衣不能喂母猪。

(4)使用按摩法，按摩母猪乳房，刺激乳腺分泌；让仔猪拱奶头也相当于按摩。

# 母猪不吃食怎么解决

导致母猪不吃食的原因很多,有疾病因素、怀孕后期因素、热应激因素、便秘因素以及产后不食等。当母猪出现不吃食症状时,首先要测量体温,母猪的正常体温是38.5℃左右。测量体温后再对症治疗。

1. 母猪低温不食

东北地区的养殖者经常发现开春时母猪由于低体温淘汰的多,主要就是一冬天趴在凉地面对母猪机体产生了损伤;母猪胃出血等一些疾病也会造成母猪出现低体温。当体温低于36.5℃时建议淘汰母猪,放弃治疗。

建议治疗方案

注射10~20毫升樟脑磺酸钠;注射20毫升维生素C。

当然,对待低温猪更好的选择是静脉注射:500毫升葡萄糖+20毫升樟脑磺酸钠+10毫升腺苷三磷酸;500毫升生理盐水+20毫升维生素C。

备注:体温低于37℃的母猪,静脉注射后,仍然很低的,建议及时淘汰。

2. 母猪便秘不食

母猪由于限饲喂、限位栏的使用,尤其在妊娠后期饮水不足,就容易便秘,进而引发不食。

出现这种情况首先要解决便秘问题,可以使用肥皂水、开塞露或者豆油,用输精管或者胶皮软管进行通便。同时肌肉注射B族维生素,短期拌料硫酸钠或者硫酸镁。

可以给母猪饲喂潮拌料,或者在饲料内每顿额外加0.1千克麸皮。有条件的每天给母猪吃青绿饲料,可以明显改善母猪便秘问题。

3. 母猪高热不食

更多的母猪经常会高热不食,导致高热的因素有很多。现根据三个因素给出三条解决方案。

(1)中暑引发的高热不食。

一侧:2支头孢+20毫升安乃近;另一侧:20毫升维生素C。配合灌服冰镇啤酒,同时用白酒喷洒脑门。

(2)普通高热不食。

一侧:2支头孢+20毫升氟尼辛葡甲胺;另一侧:20毫升B族维生素。

(3)反复高热不食。

这种高热在运输后或者夏季的母猪身上比较常见。多数由血虫病引起,包括附红细胞体、梨形虫等。

注射三氮脒+盐酸吖啶黄注射液;注射2支头孢+20毫升氟尼辛葡甲胺。

4. 母猪表现正常却不吃料

很多时间,母猪精神头表现非常好,但是却不吃料,应激和孕期最容易导致这种情况,产后母猪也常见。

偏方解决方案

1千克料+1千克水+3个生鸡蛋+1瓶冰镇啤酒;同时,肌注B族维生素。

若再不能正常吃食,就需要静脉注射。

 # 如何解决母猪乳房炎

母猪乳房炎是哺乳期母猪的常见病，多发于一个或几个乳房，表现为红、肿、热、硬、痛及泌乳减少的特征。生产中，很多哺乳仔猪腹泻就跟乳房炎有直接关系，所以要格外注意。

◆ **导致乳房炎的原因**

（1）机械性损伤，限位栏破损夹坏母猪乳头，乳房肿大引起乳房炎，以至于仔猪不能吸乳。

（2）母猪怀孕后期精料饲喂过多，母猪泌乳旺盛，仔猪吸不完，乳汁停留在母猪乳腺内，引起细菌繁殖而患乳房炎。

（3）仔猪产后未断牙，相互抢乳头咬破母猪乳头，引起乳房不能哺乳而患乳房炎。

（4）母猪产仔率低，仔猪数量少而不能吸母猪多数乳头，引起乳房肿胀而患乳房炎。

（5）母猪有子宫内膜炎时，乳房炎的发病率也会提升。

◆ **乳房炎的治疗方法**

1. 乳房炎全身治疗方案

800万单位青霉素+300万单位链霉素+20毫升鱼腥草+20毫升安痛定。一日2次，连续3~5天。

2. 乳房炎局部治疗方案

（1）外敷方案：①涂抹10%鱼石脂软膏/樟脑软膏；②生鸡蛋1个+160万单位青霉素混合后涂抹，一般涂抹两次即可治愈。配合毛巾外敷，有明显热症状的乳房用凉毛巾外敷，无明显热症状的乳房用热毛巾外敷。

当然毛巾上洒上白酒外敷同样有消肿乳房的功效。

(2)可以用手对乳房肿胀部位进行按摩,每次5~10分钟,每天4~5次。

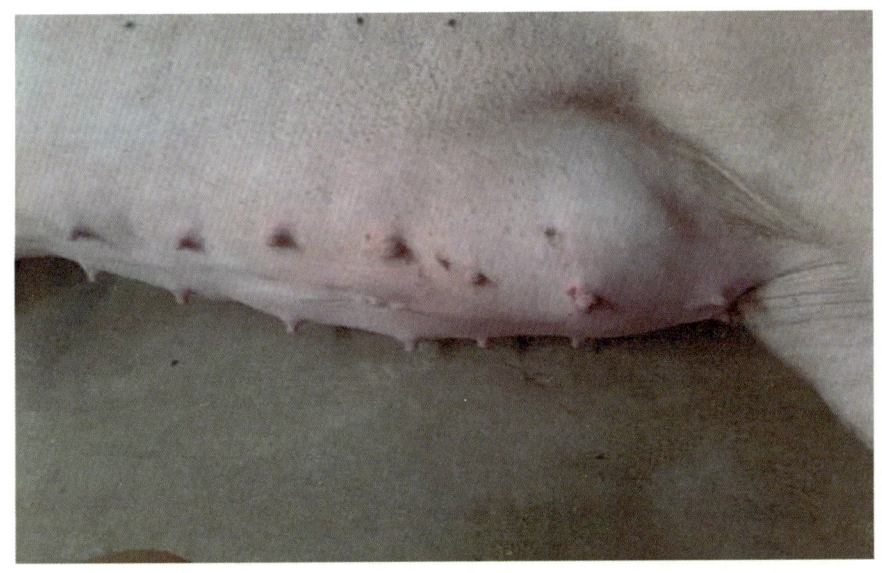

(3)局部封闭治疗:0.25%~0.50%普鲁卡因20毫升,加入青霉素160万单位,加入链霉素100万单位,在每个肿胀乳房基部注射10毫升。

 # 母猪子宫内膜炎

子宫内膜炎通常是子宫黏膜的黏液性炎症,是母猪常见的一种生殖器官的疾病。该病一般是由细菌性、病毒性、寄生虫性、营养性等多种因

素所致。临床上主要表现为细菌性子宫内膜炎，如大肠杆菌、链球菌、葡萄球菌等细菌感染，以两种以上细菌感染为多见。

在规模化养猪场，由于子宫内膜炎造成的经济损失正在增加，防治母猪子宫内膜炎应引起种猪场的高度重视。子宫内膜炎在临床上可分为急性与慢性两种。急性子宫内膜炎多发生于产后或流产后，病猪食欲下降或废绝，体温升高，拱背，频频排尿，时常努责，从阴道内排出带臭味、不洁的褐色黏液或脓性分泌物，躺卧时流出会增多。

导致子宫内膜炎的原因

（1）大肠杆菌、链球菌、化脓棒状杆菌、沙门菌、葡萄球菌以及病原性真菌等病原微生物感染是引起母猪子宫内膜炎的直接原因。

（2）操作不规范，消毒不彻底是引起子宫内膜炎的另一原因。如母猪在分娩、难产时，由于人工助产时消毒不严造成产道损伤而引起感染；给母猪进行人工授精时，如果不讲究卫生和严格消毒，就会将细菌、病毒带入阴道、子宫而引起感染。

（3）饲养管理较差，栏舍不卫生，环境消毒不严格，尤其是产后母猪在污染场所活动或阴道脱出时，病菌可经产道进入而引起该病。

（4）母猪长期限位饲养，缺乏运动，尤其是夏季高温热应激，造成抵抗力下降更容易引发此病。运动不足，极易引发难产，造成子宫内膜炎的发生。

◆ 预防措施

在日常饲养管理中，养殖户首先要加强对妊娠母猪的饲养管理，可适当增加青绿饲料，有条件的适当增加运动，使母猪保持健康体质。猪舍要定期消毒，保持地面干燥清洁，尤其配种舍和分娩舍。临产时产房、产床、母猪要全身清洁消毒，母猪阴户要彻底消毒。

治疗方案

清宫前一天注射2支前列醇钠。

清宫顺序：

(1)清洗：1000毫升生理盐水+2支缩宫素。

(2)消炎：100毫升甲硝唑+800万单位青霉素+300万单位链霉素。

(3)配合使用中药：宫炎净灌注。一般清宫1~3次可痊愈。人用的妇炎洁也可以用于母猪的子宫内膜炎，效果不错。

(4)连续拌料3~5天：林可霉素+地美硝唑。

患有严重子宫内膜炎的母猪，建议直接淘汰。

母猪产后消炎建议：2支头孢+20毫升恩诺沙星，配合20毫升鱼腥草。

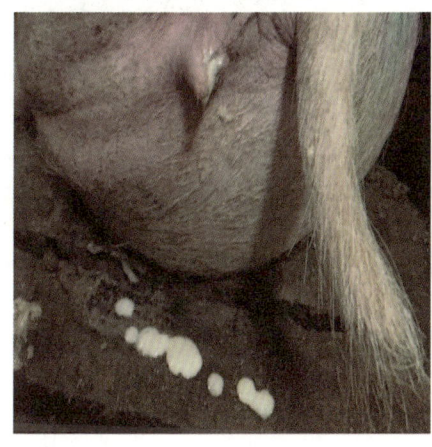 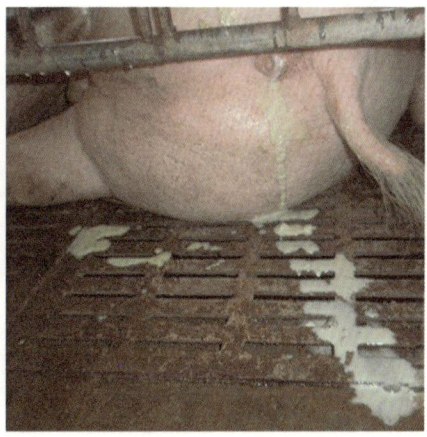

 # 母猪磨牙嚼白沫

养殖者都遇到过母猪磨牙嚼白沫的情况，有的人说是驱虫做得不好，有的人说是伪狂犬病疫苗没有接种好，还有的人说圈舍没有阳光导致消化系统紊乱，以上因素确实存在，但都不是主要因素。对比了上百家的母猪群体，可以得知，母猪限制饲喂后胃酸过多是导致此现象的主要原因。

磨牙嚼白沫除与最主要的饲喂环节有关外，跟一些圈舍没有阳光照射也有一定的关系。长期阴冷潮湿的圈舍，容易导致母猪的消化系统紊乱。所以饲养母猪最好选择阳光适宜的圈舍。

 ◆ **解决方案**

不难发现，相对于母猪而言，相同条件下的育肥猪很少出现磨牙嚼白沫的情况。因为育肥猪自由采食，而母猪由于养殖需求需要分顿限制饲喂，更容易导致胃酸过多。虽然饲料里加入了小苏打，但是量小，对于母猪群体，可以额外长期地加入0.3%的小苏打，以起到中和胃酸的作用。在此基础上，每顿喂料时额外给母猪料里加0.1千克麸皮，会给母猪饱腹感，减少胃酸的产生，从而减少嚼白沫现象的发生。最后，母猪粉料的筛片一定要够粗，"仔猪怕粗，母猪怕细"，说的就是这一特点。母猪粉料的最佳筛片在3~4之间。杜绝饲喂霉变饲料。

母猪小泪斑大问题

在养猪生产中，母猪存在"亚健康"，其最明显的外在表现就是面部颜值降低，看上去泪迹斑斑。然而，面对这些情况，无论是规模场还是散养户，往往不重视，殊不知泪斑是猪群发生病变的信号，如不及时处理，将给猪场造成无法挽回的损失。

◆ 泪斑产生的原因

猪只平时流少量眼泪，属于正常的生理反应，不必太在意。如果面部脏污，眼圈周围暗淡，眼睛发红，经常泪迹斑驳，就要引起重视了。尤其是母猪泪斑、眼屎持续存在，被毛逐渐枯糙，皮肤苍白无血色等，就说明问题已经很严重了。母猪出现泪斑通常有以下原因。

（1）不良气体刺激。冬天猪舍为保暖而不通风，粪尿不断发酵分解，导致氨气、硫化氢、甲烷等有害气体超标，母猪在刺激下发生慢性结膜炎、呼吸道疾病。

（2）新陈代谢障碍。机体正气不足，不足以祛除热毒等邪气，所以夏季要做好降温防暑；寒冷季节，应激反应过大，新陈代谢缓慢，也会造成面部脏污，泪迹斑斑。

（3）滥用药物。长期滥用安乃近、阿司匹林、利巴韦林、四环素类、磺胺类、氨基糖苷类等药物，损伤肝肾，导致机体解毒能力降低而泪斑、眼屎增多。

（4）疫病混合感染。如慢性流感、萎缩性鼻炎、蓝耳病等混合感染，导致免疫抑制，使母猪处于"亚健康"状态，往往出现泪斑。

（5）霉菌毒素长期积累是导致母猪出现泪斑的主要原因。

◆ **综合防治**

泪斑实质上是母猪体内毒素过量蓄积、肝脏功能障碍的外在表现。体内毒素超过肝脏解毒上限，毒素就会从眼睛排出，眼屎、泪斑就是其产物，这不仅影响猪的生长，而且会导致免疫力下降，促使病变发生。综合防治，还要考虑以下方案：

(1)排毒解毒，改善肝肾功能。毒素是一切疾病的根源，母猪泪斑多，还需从改善肝肾功能入手，应利用中草药、植物提取物、微生态制剂等产品做必要的保健，强化解毒排毒功能。如平时可利用多糖类产品对猪群进行保健调理，逐渐修复损伤的免疫器官；针对性地添加维生素和微量元素制剂。

(2)保证营养均衡，严禁饲喂霉变饲料。按照母猪的不同生长阶段，供给营养全面均衡的优质饲料；经常在饲料中添加防霉脱霉产品，以抑制霉菌生长，吸附霉菌毒素，化解体内毒素，提高机体免疫力；加入优质复方脱霉剂(最好含有甘露寡糖)。

(3)控制各种应激因素。在过冷、过热、接种、输精、运输等应激状态下，机体肾上腺皮质激素分泌会增加，从而使免疫功能受损，久而久之呈现亚健康状态。因此，应根据季节和气候变化，适时做好防寒保暖、防暑降温工作。

(4)严格执行兽药管理规定，合理使用抗生素，降低外源性毒素对肝肾等器官的损伤。由于治疗需要不得不用如地塞米松等糖皮质激素、四环素类抗生

素时，可配合使用黄芪多糖，既可发挥主药的治疗作用，又能抵消主药的免疫抑制不良反应。

◆ 解决方案

肝胆颗粒+糖铁素+微量元素+维生素+葡萄糖饲喂，15～30天为一个周期，一般就会好转。

 # 母猪胎衣不下

正常情况下，母猪产子结束后30分钟内就会排出全部胎衣，如果超过1小时胎衣还未完全外排，就叫胎衣不下。导致胎衣不下的原因如下：

(1) 母猪身体存在亚健康状态，饲料营养不足、霉菌毒素都会导致母猪产后虚弱，无法及时排出胎衣。

(2) 母猪在怀孕期间感染子宫炎症，导致胎盘与子宫粘连过紧，母猪在生产时胎衣无法排出，这是胎衣不下最主要的原因。

(3) 母猪在怀孕期间运动量少，也会导致胎衣不下情况的出现。

胎衣不下的危害

一旦胎衣在母猪体内存留时间过长，即会在母猪体内逐渐发生腐败，散发恶臭的胎水和炎性产物蓄积在母猪体内，导致母猪体温升高、胃肠功能紊乱等问题，还可引起母猪的急性子宫内膜炎。

◆ **处理方法1**

注射 2~3 支缩宫素,间隔 1 小时,胎衣仍然不外排再注射 2~3 支缩宫素。

◆ **处理方法2**

自制 10% 浓盐水,具体比例就是 500 毫升温水加 50 克盐,冲洗母猪的子宫,一般 40 分钟内胎衣就会脱水外排(可在兽药店直接购买 10% 浓盐水)。

注意事项

要先使用方法一,因为在遇到胎衣不下时,一些养殖者有时候不能确定母猪是否产仔结束,如果有仔猪打缩宫素后会有利于仔猪分娩,但绝大多数养殖者根据母猪表现和仔猪数量基本可以判断仔猪是否全部生完。

遇到胎衣不下的母猪,处理完成后,需要连续饲喂一周的阿莫西林+益母草,同时参照母猪清宫标准清理母猪子宫。

如何掌握母猪膘情

判断母猪的最佳膘情的原则是"胖不见肉，瘦不露骨"。也就是说，肉眼直接看出露骨的母猪肯定偏瘦。那如何判断母猪不胖呢？简单灵活的方案是，用拇指大力按压母猪的后背，如果感觉按压到骨头就代表母猪膘情正好，如果用力还按不到骨头一般代表母猪较胖(图中3号母猪为最佳)。

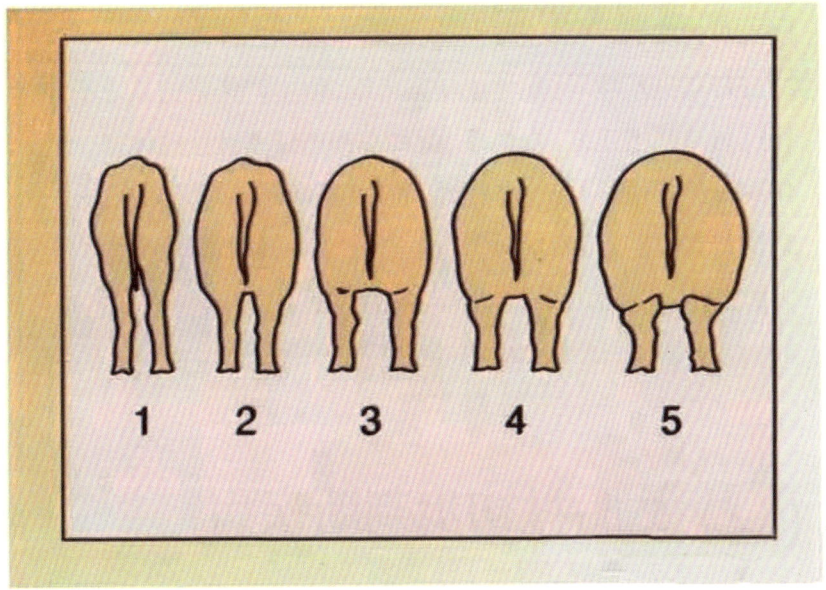

"母猪越胖越好，不能瘦"或者"总怕吃不饱"是很多养殖新手的错误观点。经产母猪的最佳体重是200~230千克，母猪过胖采食量会增加，饲料成本会提升，同时一般伴随着产能的下降。

根据多年的猪场服务经验，母猪的膘情可以初步反映猪场的养殖水平。正常饲喂优质的妊娠母猪料一般不容易让母猪肥胖，喂上就非常容

易上膘的怀孕母猪料,多数不是优质怀孕料。总是发现母猪吃不饱的养殖者首先要选择营养浓度更高的优质饲料。有条件的可以额外增加青绿饲料或者麸皮,均可提高怀孕母猪饱腹感。母猪八分饱,八分膘为最佳。

总之,母猪的膘情管理是母猪饲养的重要环节,需要在合理饲喂、合理运动、定期体重检查、多方位考虑等方面做好(具体饲喂请借鉴母猪的饲喂标准篇)。

◆ 母猪膘情等级

根据膘情的评估结果,母猪的膘情被分为五个等级:1分、2分、3分、4分和5分。

1分:母猪瘦弱,无法正常发情、配种或顺利产仔。

2分:母猪虽然瘦弱,配种成功率可以,但生产仔猪的数量不多。

3分:母猪膘情正好,发情率、配种率和产仔率最佳的体态。

4分:母猪膘情略好,身体稍圆,符合配种和正常繁殖的需求。

5分:母猪过胖,浪费饲料、产能下降,需要及时调整膘情。

从胎盘初步判断疾病

母猪正常产出的胎衣,颜色跟猪肉是一样的,无腐败、无异味。胎衣作为母猪的临时繁殖器官,除了为仔猪提供营养和保护之外,还是判断某些疾病的主要依据。

(1)如果胎衣上有血泡,很有可能感染了蓝耳病,尤其是提前分娩的母猪。

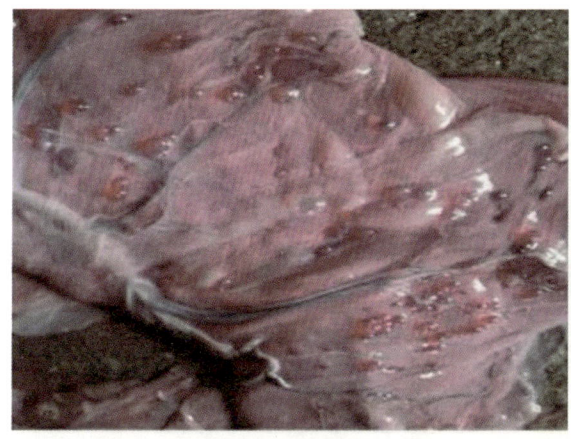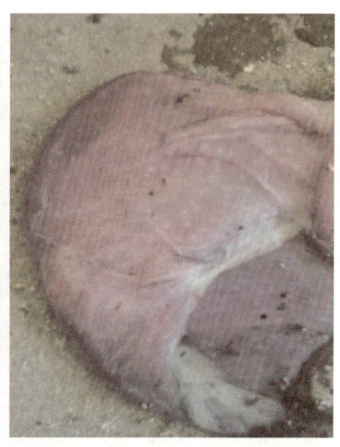

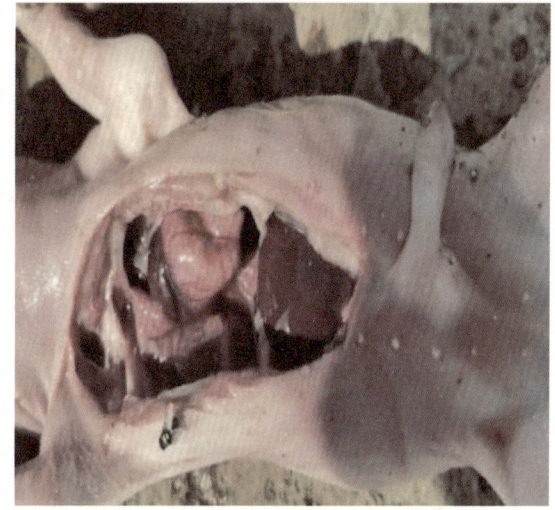

　　(2)如果胎衣出现了灰白色的坏死白斑,有的呈蛇纹状,胎膜很薄,很有可能感染了伪狂犬病。

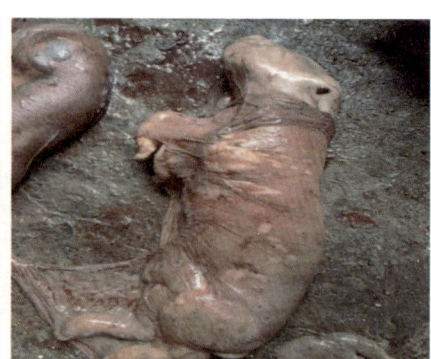

（3）如果胎衣出现很多白色小结节，除此外，母猪假发情、新生仔猪阴户红肿等现象同时出现，很有可能是母猪霉菌毒素超标。

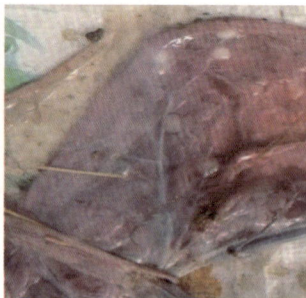
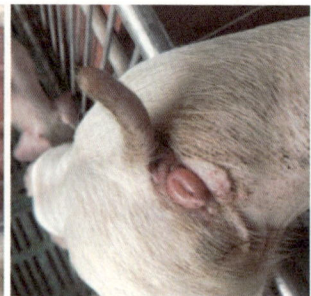

(4)如果胎衣出现很多像小珍珠一样的透明颗粒,那么很有可能感染了布鲁氏杆菌。

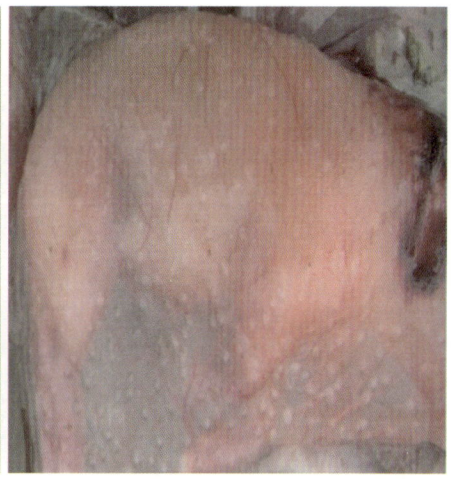

（5）母猪胎盘部分出现钙化,胎儿出现木乃伊,骨质溶解、黑化等变化是细小病毒感染。

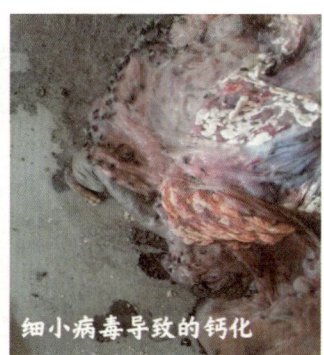

细小病毒导致的钙化

胎盘钙化是前期胎儿死亡后被母体吸收造成的。

细小病毒主要引起怀孕母猪尤其是初产母猪流产、死胎、木乃伊胎、畸形、弱仔。母猪本身无明显症状。

以上判断为母猪疾病初步判断,具体导致死胎的病因,需要进一步检测。

如何解决母猪肢蹄病

母猪肢蹄病是很多猪场的主要疾病。该病发生的主要原因与当今限位栏养殖、品种改良以及营养欠缺有直接关系。本病的最大特点是不好治疗，治疗周期长，淘汰率高，所以改善饲养环境、改善日粮标准为最佳选择。

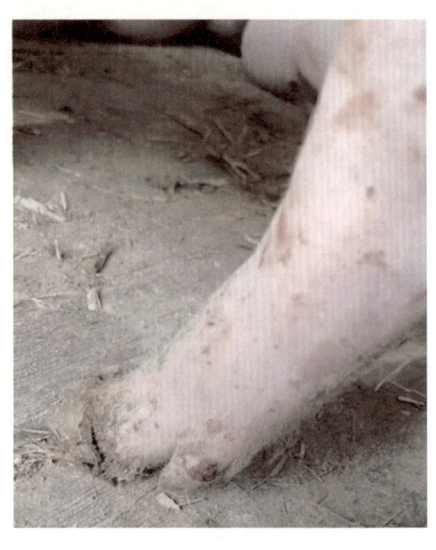

◆ **品种因素**

品种猪具有产能高、生长速度快的特点，但是同样也有缺点：肢蹄病相对容易发生，杜洛克猪的蹄壳耐磨程度较差；长白猪胫骨较细，肢蹄不够发达，承受力不足，所以品种母猪越饲喂得过胖越容易得肢蹄病。

◆ **营养因素**

母猪日粮营养缺乏或者营养素之间失衡，就会导致肢蹄病的发生。日粮中维生素D缺乏，钙磷比例失衡或者缺钙，会引发后肢无力，甚至瘫痪。缺乏生物素(维生素H)同样容易引发肢体损伤、破裂。

◆ **管理因素**

相比圈舍饲养，定位栏会提升母猪肢蹄病的发病率。所以很多猪场选择半限位栏,就是这个原因。如果地面坡度大或者地面不平整,同样容易引发肢蹄病。

解决方案

品种方面,法系猪与美系猪杂交会提高法系母猪的肢蹄抗病力;饲喂方面,选择优质的母猪料,可以适当添加维生素D、维生素H以及泛酸等;圈舍饲养的地方破度不能大;定位栏饲养需要隔空地面,同时加上防滑的胶皮垫;控制母猪体重。

对于早期发病的母猪,涂抹凡士林,饲喂料里加入维生素H、钙粉、泛酸等,母猪料档次低的更换母猪料。最好单圈饲养,恢复期一般需要7～10天,患病严重的母猪建议淘汰。

◆ 区别风湿病

在阴冷的圈舍,猪群更容易得风湿病。起来或者趴下前母猪会出现疼痛引起的叫唤,但一般走起来就好了,冬季常发生。

治疗方案

使用萘普生青霉素,或者头孢+氟尼辛葡甲胺。

◆ 区别钙磷失衡瘫痪

缺钙或者钙磷失衡更多地表现在临产母猪或者产后母猪身上。母猪表现为后腿无力或者产后瘫痪不起。

治疗方案

①建议静脉注射:10%葡萄糖酸钙150毫升,一天一次,连续3天。②拌料:磷酸钙配合骨粉,连续10～15天。③轻微的可以肌肉注射:维生素D胶性钙,配合饲喂鸡蛋壳。

母猪产死胎的原因

养殖生产中,母猪产死胎是每个猪场都经常遇到的问题。了解导致母猪产死胎的原因,可以更好地减少母猪产死胎的现象。

◆ **热应激导致的死胎**

温度过高对母猪是非常大的应激,大家会发现7—8月配种的母猪死胎率明显高于其他月份,原因是温度过高导致的母猪应激可引发内分泌紊乱,抑制卵泡,阻碍黄体形成,导致体内叶黄素和孕酮减少,致使体内胎儿死亡率提升。同时夏季的高温会影响母猪分娩催产素,导致分娩时间过长,提升死胎率。

◆ **霉菌毒素导致的死胎**

饲喂霉菌超标的饲料,育肥猪表现的是生长发育停滞,出现腹泻症状。饲喂严重霉变的饲料,猪容易中毒死亡;母猪则表现繁殖障碍、不发情或者返情。霉菌毒素可以导致怀孕母猪子宫内胎儿出现水肿而死亡。霉菌毒素可导致母猪产后的仔猪八字腿、水门肿,建议饲喂母猪料时,可长期加入优质脱霉剂。

◆ **药物导致的死胎**

很多药物是怀孕母猪禁止使用的,有的毒性大,有的对胎盘穿透力强,所以使用前要仔细阅读使用说明。如地塞米松是怀孕母猪禁用的,磺胺嘧啶钠、氟苯尼考、链霉素、替米考星药物要谨慎使用。

◆ **疾病导致的死胎**

很多繁殖障碍疾病容易导致死胎,如细小病毒、蓝耳病、猪瘟、伪狂犬病,包括夏季多发的乙脑。针对这些繁殖障碍疾病,最好的解决方法仍然是通过免疫提前预防，必要时及时淘汰。

◆ 产程过长导致的死胎

很多养殖者会发现，母猪产仔时间越长，导致死胎率越高。母猪分娩的最佳时间为1~3小时。散养户在母猪产前可以给母猪饲喂一周的熟豆浆，每天1千克可以有效缩短产程；后备母猪产前减少攻胎量，会减少头产母猪的分娩时间；夏季做好母猪的降温防暑，饲喂优质的母猪料，会有效缩短产程。

母猪的四大基础疫苗

"水链副仔气杆丹，瘟环狂蹄细脑蓝"是笔者根据多年经验总结的简易细菌疫苗和病毒疫苗的口诀。但猪的四大基础疫苗，仍然是口蹄疫疫苗、伪狂犬病疫苗、猪瘟疫苗、胃流二联苗。圆环疫苗在现代化养殖中也是非常关键的，但毕竟属于效益苗。没有圆环表现的猪场，可以不接种圆环疫苗。

◆ 口蹄疫疫苗

口蹄疫每年的春秋在多地都是容易发生的，而且非常容易全群暴发，在空气可快速传播。得口蹄疫的猪群育肥成本至少提高0.5元。

◆ 伪狂犬病疫苗

伪狂犬病疫苗因接种效果并不好，导致新生仔猪腹泻率会明显提升，所以伪狂犬病疫苗需要每年普免3次。仔猪出生后跟胎接种伪狂犬

病疫苗，会使仔猪没有产生抗体保护时容易被野毒感染导致腹泻，所以这么做不对。产前定期接种，一方面会提高工作量，一方面无法做到一年3次，因此伪狂犬病、野毒重的猪场还是容易感染，这不是最佳免疫方案。

◆ 猪瘟疫苗

过去养殖者都说猪瘟疫苗是基础疫苗，今天大多数猪场的猪瘟抗体检测一般都是合格的，只是除特殊疫苗外，建议普通猪瘟细胞苗母猪做4头份，仔猪做2头份为最佳。母猪跟胎做一年两次就可以了。

◆ 胃流二联苗

北方地区，每年到1月前后，就会有很多新生仔猪出现传染性胃肠炎。相比前3种疫苗，很显然对这种疫苗重视不足。而胃肠炎对新生仔猪的破坏力还是很大的，死亡率可达到100%，所以母猪产前45天和25天要分别注射两次胃流二联弱毒苗或者胃流轮三联弱毒苗。笔者最后用另一个口诀"灭活两遍是需求，活免一次除胃流"提醒大家，虽然腹泻时接种的是弱毒苗，但是也是做两遍为最佳。

母猪产前需要减料吗

母猪产前需不需要减料？减料的话，从产前第几天减料为最佳？有的观点不建议减料，理由是减料会影响母猪分娩时的体能，导致分娩无力，容易难产，事实证明母猪产前不减料也是可以的。还有一种观点是产前7天陆续减料,产仔当天不喂料,但是由于最后一周是仔猪的最佳生长发育时期,这种减料方案会影响新生仔猪的初生重,同时过早减料会造成母猪分娩时无力,因此事实反馈这种减料方法不是最佳的。

其实母猪产前减料主要有两个原因,一个是防止母猪产后不食,另一个是防止饲喂过多,肠道粪便会影响仔猪正常分娩。

建议如下:

母猪产前7天不需要减料(有条件的饲喂潮拌料最佳),只要母猪粪便正常,那么产前2天减料30%,产仔当天减少50%饲喂量即可(也有产仔当天不喂料的操作)。

切记不要过早减料,容易影响仔猪初生重,大量地减料会引发产仔时无力。当然,也不能不减料,会直接导致母猪产后不吃食的问题,尤其是夏季最为常见。

 # 母猪临产的征兆有哪些

◆ **乳房变化**

母猪产前15天前后,乳房基部与腹部之间开始出现明显的界限;产前3天乳头向外张开,当两侧乳头极度肿胀发亮,外伸明显,呈八字形时,一般是快产仔的标志。

◆ **乳汁变化**

产前3天左右,乳头可以分泌清亮乳汁,分娩前一天,可分泌浓稠的

乳汁，以黄色为主。当前部乳头挤出乳汁时，24小时内产仔；当中间乳头挤出乳汁时，12小时内产仔；最后一对乳头可挤出乳汁且中部和前部乳头能够挤出更多初乳时，4~6小时内产仔。

◆ 行为变化

母猪在分娩前6~10小时，坐立不安，频繁起卧，衔草做窝(定位栏看不到)。若无草可衔，常用嘴部拱地，前蹄扒地呈做窝状。

母猪在分娩前2~3小时，极度不安，呼吸非常急促，不停走动(定位栏看不到)，且小便较为频繁。

母猪在分娩前1小时左右，躺卧在地，尾巴摆动，四肢伸直，用力努责。

◆ 阴门变化

母猪在分娩前3~5天，外阴部开始肿大，当外部流出稀薄带血的黏液时，说明母猪已经破水，即将在30分钟内分娩。

 # 哺乳母猪为何25天断奶

传统养殖中，引进品种母猪一般都是28天断奶，但是在欧洲早就开始了早期断奶，有的甚至21天断奶。生产中发现，21天断奶对于母猪来说是最愿意发情的，但是从中国目前绝大多数家庭农场的产房养殖水平来看，21天断奶，仔猪体重明显不足。而传统的28天断奶遇到的问题是断奶后7~10天才能发情，尤其是头产母猪28天断奶的话，断奶后7天很

容易不发情，而且28天断奶的母猪淘汰率比25天断奶高10%左右。以笔者多年经验来看，母猪国内养殖有很多可以做到25天断奶；实际跟踪了三家家庭农场得出结论：只要饲喂营养好，25天断奶母猪，一般4天左右发情，5天内就可以配种；60头母猪对比实验发现：25天断奶的母猪比28天断奶的母猪平均每产多产仔1.6头，这就是高产仔最简单的操作。

母猪特点：早断奶就早发情，早发情就多排卵，多排卵才能多产仔。

25天断奶还有一个计算公式，就是2年正好5窝仔猪，即

$365 \div (25+5+115)=2.5$

目前，多家猪场都采用这种断奶时间，平均每窝产仔比过去明显增多。如果母猪是7对奶头的，一般一窝平均不低于12头；如果是6对奶头的，一般一窝不低于11头（上面数字是多家猪场中的最低标准）。

以每窝产仔12头计算（假设哺乳仔猪都成活）：

$PSY=12 \times 2.5=30$头（美国标准）

◆ **以每窝产仔11头计算**

$PSY=11 \times 2.5=27.5$头（母猪标准）

备注（这种群体国内基本少见）：其中最好的是辽宁省一家养200头基础母猪的猪场，由于母猪都是法系，产仔率高。大群平均产14头，多的甚至产17头。

◆ **以每窝产仔14头计算**

$PSY=14 \times 2.5=35$头（丹麦标准）

最后，当你质疑可能有的母猪断奶就不发情的问题时，一个真实的现象告诉你：25天断奶的经产母猪不发情的概率不足1/20。所以，即使只差3天断奶，一头母猪一年也可轻松多产3头仔猪。

胎衣能喂母猪吗

许多猪场把母猪产后的胎衣都扔掉了,其实胎衣是产后母猪的大补食物。其含有大量的蛋白质,营养高。同时,胎衣含有各种激素,对母猪的泌乳有促进功能,对母猪产后恢复有很大帮助。但是胎衣必须煮熟后再粉碎饲喂。

◆ 为何生胎衣不能喂母猪

生胎衣喂猪容易引起消化不良,造成母猪产后不食;容易造成母猪咬仔猪的恶癖。生胎衣容易携带病菌,加热后病菌会被杀掉。

此外,不正常的胎衣须扔掉,不可喂母猪。

◆ 胎衣适合饲喂以下情形的母猪

(1)产后乳汁不足的母猪。一个胎衣加250克红糖和少量食盐,煮熟后分3次喂完,每次再加50毫升白酒,有不错的催奶功效。

(2)断奶仔猪。胎衣煮熟烘干研磨后,拌到仔猪开口料中,可增强仔猪的免疫力。

(3)断奶不愿意发情的母猪。胎衣处理后配合淫羊藿、维生素E和葡萄糖粉给断奶后母猪饲喂,有助于母猪多排卵,早发情。

注意事项

胎衣如果没有好的保存方案,不建议长时间存放,因为胎衣不好保存,容易腐败。

 为啥说产房湿度很关键

很多养殖者都关注产房温度，前面内容也提到产房最适温度，但是产房的湿度也非常关键。高湿度是产房环境的主要危害，当高温高湿时，容易引发猪皮肤病，同时会造成母猪应激；低温高湿时，会增加仔猪的冷应激，引发产房仔猪腹泻。

解决方案

（1）可以在产床下撒生石灰，既消毒又吸湿。生石灰接触水放出的热量是短暂的，影响可忽略不计。

（2）引流屋顶滴水。冬季棚顶的滴水是导致圈舍潮湿的主要因素，根据圈舍的设计不同，可以采用吊棚一边偏高一边偏低的形式，或者中间高两边低的形式，使棚顶水往预定位置流。

（3）冬季圈舍使用热风炉等取暖措施可以降低湿度。仔猪保温箱安装的烤灯就很有用，必要时可在保温箱中加入爽身粉吸潮。

（4）增加圈舍的通风采光，如在新场地建设阳光猪舍，会大幅度降低湿度。

（5）湿度大的圈舍，适当减少夏季冲圈的频率，改用风扇降温也可以降低湿度。

以上多种方案可以相互配合使用。

如何控制母猪的产仔时间

很多时候,为了方便产房养殖人员同一天接产临近预产期的两头或多头母猪,需要控制母猪分娩时间。

对于大多数小型家庭农场来说,控制母猪分娩时间主要使用氯前列醇钠。如让前后一天配种的母猪在同一天生产;如炎热的夏季,为减少母猪热应激,让母猪晚上产仔,就可以在怀孕112天晚上10:00注射前列烯醇,母猪一般会在第二天晚上6:00—10:00产仔;如在寒冷的冬季让母猪白天产仔,同样可以这样操作。给母猪注射2支前列烯醇(特殊大的母猪注射3支)后,母猪一般会在注射后20~24小时分娩。

豆浆对母猪的作用

◆ 熟豆浆有缩短产程的功效

产前一周,每天给母猪饲喂1千克熟豆浆,可以增加羊水量,会有效缩短母猪的产程。母猪的产程越短,死胎率会越低,同时母猪产后恢复会越快。

> **注意事项**
> 羊水不是越多越好,豆浆也不能过分饲喂。

◆ **豆浆有增加奶水的功效**

母猪奶水欠缺时,可以额外给母猪喝豆浆,豆浆有催奶的功效。但是隔夜豆浆不建议再用,豆浆易坏,容易引发母猪腹泻。如果想把没坏的豆浆喂给母猪,也要进行加热处理。

红糖对母猪的好处

很多养殖场在母猪产后会使用红糖来促进母猪产后恢复,然而红糖的作用其实更多。

◆ **红糖有催情功效**

如果母猪不发情,可以炒焦红糖,相应地加入开水,放凉后给母猪拌料饲喂,有一定的促发情功效。

◆ **红糖有催奶功效**

产后母猪奶水不足时,可以用150克红糖+3个生鸡蛋+150毫升白酒饲喂母猪。一天一次,连续3天,有催奶功效。对于不喜欢喝白酒的,可以换为啤酒。

◆ **红糖有助于产后恢复**

母猪产后体质虚弱,可以给母猪喝红糖麸皮盐汤(0.25千克红糖、50克食盐、500克麸皮,兑2.5升温水直接给母猪喝)。

◆ **红糖增加母猪食欲**

夏季母猪常出现采食量低的情况,可以使用红糖+小苏打拌料或者

饮水,可提高母猪食欲。

◆ 红糖对仔猪也有好处

遇到产后母猪奶水不足,新生仔猪出现低血糖时,如果没有葡萄糖,可以喂10毫升红糖水,同样有效果。

 # 啤酒对母猪的好处

啤酒对母猪最大的好处就是可以开胃健脾,同时又有一定的催奶功效。

夏季高温以及产后虚弱的母猪经常不吃食,可以饲喂母猪1千克料+1升水+3个生鸡蛋+1瓶冰镇啤酒。也可以直接给母猪灌服啤酒,会明显提高母猪的食欲。

注意事项

发现母猪不吃食需要测量体温,根据体温高低对症治疗。以上方案用于体温正常却不吃食的母猪。

 # 小苏打对母猪的好处

◆ **有助于产后恢复**

产后母猪短期饲喂1%小苏打，能够增强母猪体质，减少黄白痢。

◆ **减少热应激**

在夏季高温时，饲料里加入0.3%小苏打，可以减少母猪的热应激。

◆ **碱化尿液**

母猪出现白色结晶尿时，饲料中加入0.5%小苏打，连续饲喂10～15天，可中和尿酸盐。

注意事项

母猪尿白尿一般与尿路感染、霉菌毒素超标引起的石灰尿、蒙脱石类脱霉剂的使用、抗生素的滥用、饮水不足以及饲料蛋白质过高或者饲料钙磷比例失衡有直接关系。

◆ **减少磺胺类药的不良反应**

磺胺类药对肾脏损伤严重，当使用超过一周时，需要配合小苏打，从而减少对肾脏的损伤。

◆ **有促生长作用**

对于育肥猪，饲料里加入0.3%小苏打有一定增重功效（但是此方法增重不明显，不建议使用，增重最好选择生物饲料和专业的催肥添加剂）。

麸皮对母猪的好处

◆ 防止便秘

麸皮中富含纤维素，能够促进猪的胃肠蠕动，从而达到缓解猪便秘的作用。母猪食用添加10%左右。

◆ 调控膘情

麸皮中富含粗纤维，饱腹感强，但是能量低。当母猪体况偏胖时可以少喂精饲料，用麸皮代替一部分，来调节母猪膘情。此期间最好再配合饲喂青绿饲料。

◆ 提高胃容积

很多养殖者会遇到母猪产后采食量上不来，吃不进去足够的饲料，影响母猪奶水的问题。针对这种情况，可以产前半个月开始每天额外饲喂0.5千克麸皮以提高母猪的胃容积，有助于产后采食量的增加。

◆ 可清理产后仔猪

新生仔猪身上有黏液，需要及时清理。在盆里放入麸皮，把仔猪放入，可以起到清理仔猪的作用。

白酒对母猪的用处

◆ 预防母猪咬仔

母猪产后，受到惊吓时容易咬仔。可以给母猪在耳朵里喷20毫升白酒，让母猪安静下来。切记不要过多喷酒，否则容易造成母猪淘汰。

◆ 物理降温

夏季母猪出现热应激体温升高时，用白酒擦拭母猪的头部、后背及全身，可以缓解母猪的发热症状，但同时需要配合药物治疗，如头孢+柴胡等。

◆ 防止咬仗

猪转群时，尤其是仔猪转群后，可以在圈舍里喷洒白酒，干扰猪的嗅觉，从而降低咬仗的概率。

◆ 催奶

白酒同样有催奶的功效。母猪产后没有奶水或者奶水不足时，可以使用150毫升白酒+150克红糖+3个生鸡蛋，混合在一起给母猪饲喂，有催奶功效。

 南瓜对母猪的好处

南瓜含有丰富的营养成分，主要含有各种氨基酸、类胡萝卜素、果胶、矿物质、维生素，以及膳食纤维等多种营养元素。

类胡萝卜素可在体内转化为维生素A,有利于上皮组织的生长分化,有助于骨骼的生长发育;果胶可以调节体内胆固醇水平;矿物质可以促进机体的新陈代谢,防止母猪贫血;膳食纤维有助于促进胃肠蠕动,减少便秘的发生。

◆ 南瓜的作用

(1)南瓜中的南瓜多糖可以提高母猪的免疫力,从而提高母猪的抗病力。

(2)南瓜可以保护母猪胃肠道黏膜不容易被损伤,有助于促进胃溃疡的愈合,可提高母猪的食欲。

(3)南瓜会促进胆汁分泌,加快胃肠蠕动,减少便秘。

(4)南瓜有保健功效,其含有的氨基酸、维生素、矿物质,有助于母猪机体的健康发育。

葡萄糖对母猪的作用

葡萄糖由于其好处多、价格低的特点,在养猪生产中经常使用。下面简述葡萄糖在养猪生产中的优点。

◆ 解毒排毒

当猪群遇到霉菌毒素中毒时,可以拌料10%葡萄糖,让毒素快速排出,一般连用5～10天。因为葡萄糖有加快体内新陈代谢的功效。

◆ 补充能量

母猪产前不食或者因猪口蹄疫疾病等不食,以及仔猪腹泻时,可以在饮用水或者在补料中加入5%葡萄糖，以达到补充能量的目的。

◆ 改善乳汁质量

母猪每产1升奶就需要150克葡萄糖，哺乳期适当地补充葡萄糖会改善乳汁的质量。

◆ 掩盖苦味

一些药物会影响适口性，尤其是苦药，母猪一般不愿意吃，加入葡萄糖后会掩盖苦味，让母猪顺利吃料。

◆ 有助于发情

葡萄糖可以促进卵母细胞的成熟，断奶后母猪短期优饲，加入5%葡萄糖，会辅助母猪快速发情。

◆ 提高抵抗力

仔猪断奶料里或者饮用水中加入5%葡萄糖，会增强仔猪的体质，提高免疫力。

◆ 备注

治疗脑水肿、肺水肿：50%葡萄糖，20～100毫升，静脉注射。

解毒排毒：10%～20%葡萄糖注射液，100～200毫升，静脉注射。

仔猪腹泻：5%葡萄糖。

补充体能：5%葡萄糖(等渗溶液)，母猪一般300～500毫升，静脉注射。

 # 母猪必须配种两次吗

在丹麦,每头发情后母猪的平均配种频率不超过1.5次,但是丹麦的PSY达到34头,是世界上最高水平;在我国20世纪80年代的农村,母猪(民猪)发情后,需要赶到2千米以外去找公猪,并且只配种一次就赶回家了,虽不是太湖品种,但也经常产仔十三四头,甚至更多。

现在,母猪持续排卵虽然在10小时左右,但是绝大多数卵子开始是一次性排出的,而公猪的精液在母猪体内的存活时间一般在18~24小时,甚至好的精液可存活2天。如果精液在母猪体内2天仍保持活性,那为什么还要浪费第二管精液呢?如果全国的公猪精液的体外保存期都可以达到3~5天(丹麦保存可达到10天以上),那么全国的公猪饲养量是否可以减少一半呢?那么公猪就可以控制到10000头以内,整个养殖业将减少很大的成本。

但是,本地很多公猪精液的活力只有24小时,所以建议使用两管精液。有人问:10小时的排卵期,24小时的精液存活期,那一管精液不是也可以覆盖整个排卵期吗?理论上是这样,但是精液不是采出来直接使用的,这里有运输的时间;精液也不是直接进入输卵管受精的,精子进入母体内需要3~4小时的获能后才有受精能力。

目前国内有很多提供优质公猪精液的公司,购回后公猪精液存活期仍在2天以上,那么每头母猪只需一管精液,个别发情时间长的选择两管。对于当地的普通公猪精液,还是建议每头猪两管精液为最佳。

一般一个养殖场一天的查清就是两遍,查清一遍的猪场对于发情时间短的母猪容易错过最佳配种时间,从而直接影响母猪产仔率。

哪些药怀孕母猪需要慎用

对怀孕期间的母猪用药要额外注意,用不好容易造成母猪流产或者死胎、畸形等问题。那么,哪些药怀孕母猪需要谨慎使用呢?

◆ **激素类药物**

前列烯醇、地塞米松、缩宫素等激素类药,怀孕母猪慎用,极易导致母猪流产。

◆ **抗生素类药**

磺胺类药物、链霉素对胎儿毒性大,容易造成弱仔,甚至死胎。替米考星对胎盘穿透力强,必要时母猪谨慎少量使用。

◆ **利尿药**

利尿药由于会引起子宫脱水,容易导致胚胎脱离,如呋塞米、在怀孕早期(怀孕前40天)内应禁用。

◆ **兴奋类药**

兴奋神经类药要谨慎使用,如硝酸士的宁等。

◆ **解热阵痛药**

典型的如水杨酸钠、阿司匹林有抗凝血作用,易引发流产,母猪禁用。其他的解热镇痛药宜按规格使用。

◆ **泻药**

泻药必要的时候可以少量使用,如遇到母猪便秘的情况,可以使用少量硫酸钠或者大黄苏打粉促进胃肠活动,解决便秘。但是泻药不能因为母猪便秘就长时间添加,也不能大量使用。

◆ **拟胆碱药**

包括氨甲酰胆碱、水杨酸在内的拟胆碱药容易导致子宫平滑肌兴奋性增强。

精液中加入缩宫素可以提高受孕率吗

近几年养殖业进入了网络传播时代，很多养殖者习惯跟农业主播学习养殖技术。大家最喜欢的就是学习各种偏方，但是事实证明，一些偏方效果是不明显的，比如精液里放缩宫素。

笔者在两家中小型猪场做了相应实验，每家都是同一个批次的母猪。甲猪场加缩宫素后平均产仔10.7头，不加产仔10.2头；乙猪场加缩宫素后平均产仔11.4头，不加产仔12.1头。

所以初步结论是，母猪配种时精液里放缩宫素用处不大(注：由于工作繁忙，实验只做了两个，具有偶然性。如果非要使用缩宫素，建议加10单位。

 潮拌料对母猪的好处

潮拌料唯一的缺点就是不好保存，但是优点却有很多。

(1)母猪怀孕期间饲喂潮拌料，可以明显减少母猪的便秘问题，而长期便秘属于疾病之一，影响猪的消化系统。

(2)母猪产后饲喂潮拌料,会明显提高产后母猪的食欲,夏季高温导致哺乳母猪吃料少时,也可以给母猪饲喂潮拌料。

(3)饲喂潮拌料还可以解决母猪饮水不足的问题。母猪对水的需求量大,尤其是夏季高温时,需水量是冬季的2~3倍,单靠水嘴供水一般都会饮水不足。

母猪一天饲喂3顿可以吗

在黑龙江省北部,绝大多数当地养殖者一天都给母猪饲喂3顿,而且一顿一般在1千克左右,这样一天就是3千克。后经笔者的现场指导,现在母猪基本都是一天2顿了,而且一顿还是1.00~1.15千克的料。过去养10头母猪的饲料,现在可以养13~15头母猪。

解决方案

首先面临的问题是,要从3顿改为2顿,母猪一定会反抗。那就每顿从1千克调整到1.25千克,再逐渐从每天3顿调整到2顿。当时正好是夏季,园子里有菜,中午就给母猪吃菜叶子。经过1个月的饲喂后,从每顿1.25千克调整到1千克优质母猪料,为了增加饱腹感,每顿又增加了0.1千克的麸皮。对于特殊大的母猪,建议淘汰更换后备母猪。陆续地,现在当地农户的饲喂基本都达标了。

即使日饲喂量不变,一天喂3顿也没有2顿好,如果同样的日粮分3顿去喂,每次吃的会少,会影响母猪的胃容积,胃容积小的母猪,产后往

往不能进食充足的哺乳料,导致奶水不足,会间接影响仔猪断奶重,甚至影响成活率。

 # 母猪产仔时外阴水肿怎么办

临产母猪外阴肿大是正常的,但是有个别的母猪,临产时外阴肿胀得特别严重,像水疱样,感觉一碰就会破损,这就需要及时处理。导致外阴水肿的原因主要有细菌感染和霉菌毒素两种。母猪外阴水肿有的是因为不正确的人工助产导致的。

遇到这种情况,有条件的建议静脉注射消炎药:生理盐水300毫升+林可霉素20毫升+鱼腥草20毫升,同时用洁净的手掰开外阴,把青霉素粉撒到里面,在背部和外阴处洒一些冰镇的凉水,一般母猪外阴水肿的问题很快就会改善。

 # 为什么母猪不能过肥

母猪的正常体重控制在200千克左右为最佳状态。限制饲喂优质母猪料，母猪不容易胖。减少能量饲料的过多饲喂，如玉米、豆饼等。母猪越肥，吃得越多，成本越高，产能越差。肥胖母猪具体缺陷如下：

◆ **容易难产**

母猪太肥，体内脂肪过多，使母猪临产时骨盆开张度减小，产道狭小，胎儿很难通过，往往会造成母猪难产。

◆ **容易压死仔猪**

母猪产仔后，由于身体太胖，行动笨拙，不灵活，会出现压死和踏伤仔猪的情况。

◆ **影响发情**

母猪太肥，往往会导致性周期紊乱，卵巢被过多的脂肪包裹，从而发育不良，影响发情；有的虽发情，但排卵少且不规则，不易受孕，个别即使受孕，产仔数也少。

◆ **产后缺乳**

母猪太肥使泌乳系统中的器官脂肪浸润，影响内分泌，影响乳腺泡的正常发育，使母猪泌乳缺少。

◆ **肢蹄病发病多**

现在很多品种母猪本身的特点就是易发肢蹄，当母猪肥胖时肢蹄的负担会加大，更容易导致母猪的肢蹄病发生。

◆ **热应激多发**

规模化养殖，很多母猪都采用定位栏的方式，母猪自身的空间非常有限，同时猪汗腺不发达，所以母猪非常怕热，而母猪越胖，脂肪层越厚，自身产生热量越多，热应激的概率也就更大。

母猪便秘的解决方案

母猪便秘是妊娠母猪饲养过程中的常见现象,长期便秘会影响母猪的消化系统,体内毒素会积累,甚至导致母猪不能进食,所以便秘也属于疾病的一种。

◆ **母猪便秘的原因**

(1)饮水不足:母猪需水量非常大,尤其是夏季高温季节需水量更大。母猪饮水不足会导致便秘,因为水分不足会使粪便变得干燥,难以排出。

(2)饲料不当:母猪饲料中缺乏纤维素也会导致便秘。所以建议在母猪料内加入10%左右的粗纤维,更有利于解决母猪便秘问题。

(3)产前便秘:母猪在产前一个月的时候,胎儿会快速生长发育,就会压迫肠道,导致肠道蠕动变慢,食物在肠道留存的时间过长,水分被过分吸收而变干,从而导致便秘。

(4)缺乏运动:定位栏内母猪的便秘程度会明显高于大圈饲养的母猪,主要因素是定位栏母猪长期缺乏运动。

解决方案

(1)可以给母猪饲喂潮拌料,或者保证母猪槽内饮水充足,单一靠水嘴供水,往往饮水不足。

(2)可在母猪料内加入10%麸皮,麸皮主要是粗纤维,母猪胃肠不易消化,进入大肠后会增加大肠蠕动,从而减少便秘。因为便秘的本质就是:缺水和蠕动慢。育肥猪自由采食,肠道蠕动快,所以很少见到育肥猪便秘。

(3)对于便秘的母猪可以使用肥皂水、开塞露,或者豆油进行通肠。也可短期内在拌料中加入大量大黄苏打片或者少量的硫酸钠等。

(4)有条件的可以适当增加母猪的运动量,个别便秘严重的母猪,在

温度、光照合理的情况下，在特定生物安全地点让猪自由活动，增加运动，会减轻便秘的问题。

（5）多吃青绿饲料，既不会让母猪发胖，又会提供给母猪所需要的微量元素和维生素等。最关键的是会提高母猪的胃肠蠕动，减少便秘。

母猪配种后为何要减料

有些养母猪的新手朋友，不了解母猪怀孕期的饲养管理，母猪配种后立马进行优饲，觉得母猪配后需要大量的营养物质，必须得多吃，小猪仔才能又多又好，其实这样做是错误的。配种后直接加料是在增加胚胎死亡的速度，配种后减料的原因如下：

母猪配种后48~72小时，是受精卵向子宫运动植入的阶段，这个时候如果饲喂过多，会引起血流增加和肝脏性激素代谢增加，导致外周血的性激素减少，特别是孕酮的减少，导致胚胎死亡增加，使母猪产仔数减少。所以，配种7天内限制饲喂（一般按体重0.9%饲喂，如200千克猪，配种后一周内每天喂1.8千克）为最佳饲喂方案，7天以后再根据母猪膘情进行正常饲喂。

注意事项1

限制饲喂的时间不需要太长，配种后的第一周限饲最为关键。

注意事项2

限饲指的是限制能量摄入，如果母猪饥饿，可以适当增加一些青绿饲料。

为何母猪怀孕70～90天不能攻胎

　　母猪怀孕70~90天这个阶段，是母猪乳腺发育的关键时期，过多的能量饲料摄入会增加乳腺脂肪沉积，过多的脂肪沉积会减少乳腺细胞的分化和生长，乳腺发育不好的直接结果就是影响母猪产后的奶水。所以建议攻胎的最佳时间为：妊娠90～112天，产前两天控制饲喂量，以减少产后不食的问题发生。

母猪断奶前后如何饲喂

　　母猪常见的断奶方法有两种：一种是传统28天断奶，另一种是早期断奶，一般25天前后居多。如果母猪28天断奶，建议断奶前3天陆续开始减少饲喂，这样的话断奶后母猪可以快速回奶，有助于断奶后母猪快速发情；另一种是25天断奶的母猪，为保证仔猪断奶重，不建议提前减料，可采用断奶当天减料一天，第二天开始短期优饲，让母猪快速发情。

　　建议断奶后饲喂功能型优质妊娠料，如果妊娠料档次不高，可以继续采用哺乳料饲喂，到配种后开始更换妊娠料。

母猪呕吐问题

母猪呕吐问题有很多原因,如传染性胃肠炎等疾病,但是这里讨论的是正常情况下的母猪呕吐,即针对母猪出现吃料后呕吐,吐完又去吃的这种现象,其实比较常见的原因主要有两个:

(1)慢性胃肠炎。母猪得慢性胃肠炎,主要就是因为母猪在平时就有慢性的胃部疾病或者是慢性的消化不良,只是没有表现出来,母猪在发病以后就会出现呕吐的现象。

(2)母猪吃了发霉变质的饲料,也会导致母猪的胃里面不舒服,出现呕吐的症状。此外,新玉米内含有大分子多糖,肠道不好消化,如果给母猪喂了新玉米,也会导致母猪出现吐食的现象。

解决方案

肌肉注射:胃复安。

饲料拌料:小苏打+奥美拉唑。

注意事项1

母猪料粉碎度不能太细,建议使用3~4筛片。母猪料粉太细,容易导致采食量降低,严重的甚至出现胃溃疡。

注意事项2

限饲后的母猪,胃酸多,更容易胃肠受损,建议可以加入麸皮或小苏打改善胃酸过多的问题。

 # 母猪仔猪各有五怕

母猪怕热，仔猪怕冷；

母猪怕细，仔猪怕粗；

母猪怕群，仔猪怕单；

母猪怕干，仔猪怕稀；

母猪怕肥，仔猪怕瘦。

怀孕母猪的最适温度是 18～22℃，断奶仔猪的最适温度一般在25℃左右。母猪所处的温度过高，容易造成不吃食，甚至热应激，严重的容易死亡；仔猪所处的温度过低容易引发副猪嗜血杆菌和腹泻等常见疾病。所以夏季要做好母猪降温防暑工作，冬季要做好仔猪保暖工作。

母猪料粉碎得不能太细，一般选择3.5～4.0的筛片，过细的料母猪容易采食量下降或者出现胃溃疡的表现；而仔猪胃肠功能不健全，应该粉碎得细一点。一般是15千克以前1.0，50千克以前1.5，75千克以前2.0，150斤以后2.5的标准，而不是母猪肥猪都用一个筛片。

母猪不能群养，可以半限位栏饲养，群养的母猪无法判断每头每天具体应该吃多少，会影响产仔均匀度和母猪的正常膘情；仔猪不能单养，猪是群居动物，单养的猪采食量低，直接影响出栏速度，群居可以互相取暖，抵御寒冷。

母猪容易便秘，便秘时可注射B族维生素，配合灌肠，灌肠可以选择人用的开塞露3～5支，或者肥皂水500毫升，借助输精管深部灌肠。便秘后饲喂硫酸镁、硫酸钠或者大黄。

仔猪怕拉稀，做好保温，提前训料（一般产后7天）。对于断奶后由于补料应激性拉稀的仔猪，可以使用白糖+白面2∶3的配比饲喂，连续喂2天即可好转。

　　母猪每顿八分饱，膘情控制在八分膘。过胖的母猪吃得多会提高养殖成本，而且产能会与膘情成反比。仔猪不能瘦，一般瘦的仔猪在营养充足的前提下，可能患有圆环病毒导致的断奶仔猪消瘦综合征，因此要做好母猪和仔猪的圆环疫苗免疫。

母猪掉毛怎么回事

　　养殖的过程中，有时会遇到母猪掉毛的问题。导致母猪掉毛的原因有很多，具体如下：

◆ 缺乏锌元素

　　一些养殖场饲喂低档次的母猪料，容易导致母猪缺乏维生素和矿物质。最主要的是出现锌元素的缺乏，母猪缺锌时会出现掉毛的现象。缺锌导致掉毛严重时，可以直接添加硫酸锌调节，更换优质的母猪料。

◆ 真菌感染

　　真菌感染也会导致母猪掉毛，这种掉毛往往是某个部位的掉毛，可以使用红霉素软膏涂抹，有助于缓解掉毛问题。一般需要涂抹7~15天。

◆ 寄生虫感染

　　这是导致母猪掉毛的最主要原因，当母猪感染疥螨等体外寄生虫

时,身体会表现瘙痒,严重时,母猪在蹭痒时往往会把被毛蹭掉。此时,需要给母猪体外驱虫,驱虫药的使用可借鉴前文。

 ## 怀孕母猪多少天开始加料

母猪在怀孕90天时开始加料为最佳。此期间更换优质母猪料,行业称为攻胎。这期间母猪的日标准饲喂量,根据膘情体况饲喂1500~1750千克。

仔猪在母猪体内的生长特点是这样的:怀孕90天前只完成初生重的1/3,最后近一个月的时间完成初生重的2/3,所以产前一个月的攻胎是非常有必要的。这里强调一下,产前一周不建议减料,减料过早容易减少仔猪的初生重。笔者根据多年的猪场服务经验,总结出产前两天适当控制饲喂效果就很好。

 ## 母猪低温症

母猪低温症是因饲养管理不当、营养失调、体内产热不足或散热过多而引起母猪体温下降的临床综合征。患猪都表现为突然发病,体温降

至38℃以下(一般为35.5～37.5℃),食欲明显下降甚至废绝,精神沉郁,特别严重的还会出现不能站立、肛门松弛、脱肛等,患猪一般无其他病史。如不及时治疗或治疗方法不当,往往造成母、仔猪共同死亡。

◆ **发病因素**

猪只长期在阴暗潮湿的环境,造成体温调节系统功能减弱,猪容易出现低体温;天气寒冷,猪只长期趴卧在凉地面,导致消耗大量体内热量,容易出现低温。在东北地区,很多母猪经过冬天的养殖后,出现低温淘汰的情况,主要就是这个原因。霉菌速度超标、营养物质单一、滥用退热药以及体内出血等,均会造成母猪出现低温症状。

◆ **临床症状**

猪只一般突然发病,体温降低至38℃以下,表现为精神沉郁、采食明显减少甚至停止采食、卧地难起、皮肤苍白、呼吸困难等情况,一般体温下降不低于37℃的猪只可以及时治疗;低于36.5℃的猪只很难治疗,一般会在24～48小时内出现死亡,需要及时淘汰处理。

治疗方案

治疗时,应该以加强饲养管理为主,辅以强心、补充能量、恢复神经系统的正常调节功能。切记,发现母猪不吃食时,不能直接用药,需要提前测量体温。

(1)遇到体温低的母猪常常需要静脉注射治疗。200千克体重的母猪静脉注射:50%葡萄糖250毫升、辅酶A800单位、维生素C20毫升、樟脑磺酸钠10～20毫升。

(2)肾上腺素+红糖法:0.1%盐酸肾上腺素2支,肌肉注射,每天2次,连续2～3天。

饮水:温水中加入150克红糖,一次灌服或者自饮,每天3次,连续3天。

备注:妊娠母猪的体温一般为38.5℃,产前24小时的母猪体温为

38.7℃，产前12小时的母猪体温为38.9℃，产前6小时的母猪体温为39℃，产头小猪时的体温为39.4℃，产后12小时的体温为39.7℃，产后24小时的体温为40℃，产后一周到断奶的体温为39.3℃，断奶后1天的体温为38.6℃。

母猪瘫痪病

母猪在饲养管理粗放、饲料条件较差和气候寒冷的情况下极易发生瘫痪，一般发生在产前和产后各15天内，尤其是在产后3~5天内多发，所以母猪瘫痪又叫"产后风"。该病会导致母猪突然出现四肢运动能力减弱或丧失、腰部麻痹、瘸腿及瘫痪现象，是一种严重的急性神经障碍性疾病。

◆ 母猪瘫痪发病原因

（1）因为粗饲料在日粮中的比例较高或日粮中钙磷含量不足，母猪产仔前后会"透支"骨骼中的钙和磷，会导致母猪体内钙磷缺乏或者比例失衡。特别是高产母猪，产仔多、泌乳力强，体内钙被大量消耗后，更容易发生该病。

（2）精料中谷类、豆类饲料比例过大。这些饲料中的磷大多以植酸磷形式存在，不易被猪利用，而且会妨碍猪对钙的吸收，过量饲喂易使猪体内钙磷严重不足，导致瘫痪。

◆ **临床表现**

病猪表现站立困难,后躯摇摆,行走谨慎,后躯不稳,肌肉有疼痛、敏感反应,食欲锐减或拒食,体温正常或略偏低。由于反射减少,导致缺奶或无奶。

瘫痪之前,大多数母猪食欲减退或不食,行动迟缓,粪便干硬,喜饮清水,有拱地、啃砖、食粪等现象,但体温正常。

瘫痪发生后,母猪起立困难,扶起后呆立,站立不能持久,行走时后躯摇摆、无力,驱赶时后肢拖地行走,并有尖叫声,最后瘫卧不动。

◆ **防止母猪瘫痪的措施**

首先应合理搭配饲料,保证日粮营养均衡。根据母猪饲养标准,充分利用本地自然资源,每天不定时喂青绿饲料(不可一次喂得太多,以防拉稀),补喂矿物质饲料及添加剂等。用含磷较高的麦麸、米糠和含钙较高的甘薯藤等青粗饲料喂猪,对防治母猪瘫痪也有很好的效果。

平时要适当在猪日粮中补饲贝壳粉、蛋壳粉和碳酸钙。在母猪妊娠后期和泌乳期最好补饲骨粉,每头每天饲喂30克为最佳标准。同时,充足的光照也会降低母猪瘫痪的概率。

◆ **治疗母猪瘫痪的方法**

肌肉注射1:维丁胶性钙20毫升,每天1次,连续3~5天;

肌肉注射2:布他林注射液20毫升。

静脉注射:10%葡萄糖酸钙200毫升或者氯化钙50毫升,每天1次,连续3~5天。严重的配合维生素C、三磷酸腺苷(ATP)。

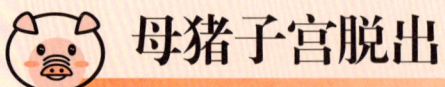

母猪子宫脱出

子宫脱出是指子宫部分或全部从子宫颈内脱出到阴道或阴门外,此病多发生于难产及多胎次的老母猪,常发生于产后数小时内。体质虚弱、运动不足、胎水过多、胎儿过大和母猪使用年限过长,致使子宫收缩力减弱和子宫过度伸张时,可引起子宫脱出。

◆ 发病原因

怀孕母猪体质虚弱、运动不足、胎水过多、胎儿过大,分娩时产道受到强烈刺激,产后发生强烈努责,腹压增高,在助产时产道干燥、强行拉出胎儿等是引发子宫脱出的主要原因。

◆ 临床症状

子宫部分脱出时,母猪表现不安,频频努责,时常拱背甩尾,常做排粪排尿姿势。阴道检查,可摸到子宫角的部分。

母猪卧地后阴门外突出拳头大的红色球状物,而站起来后脱出物又可以缩回,这期间叫做阴道不完全脱出;随着脱出时间的发展,逐渐形成阴道全脱,若治疗不及时,脱出部分会出现瘀血、水肿、发炎及坏死。

最严重的当然是子宫全脱,子宫全脱像粗的肠管,表面有横的褶皱,黏膜呈紫红色,血管容易破裂出血。子宫黏膜色泽开始为红色,后因瘀血变为暗红色、紫黑色。外掉的子宫容易被圈舍环境感染,治疗不及时容易引起死亡。

◆ 防治措施

治疗工作主要是及时进行整复,并配以药物治疗。复位前首先要用生理盐水清洗脱出的产道或子宫。开始整复前,先在脱出子宫的下面垫一层洁净的塑料布,以减少子宫黏膜磨损污染。

当子宫不完全脱出时,使母猪前低后高,术者手臂严格消毒,并涂润滑剂,小心将子宫壁推入,也可同时向子宫腔内注入500毫升温生理盐水,有助于子宫回复。

子宫完全脱出时,先将母猪后肢提起,取前低后高姿势,并固定两后肢,通常不用麻醉,必要时可用1%的盐酸普鲁卡因20~30毫升,实行硬膜外麻醉。整复前,若胎衣尚未排完,应先摘除胎衣,清理黏附在黏膜上的脏物,用0.1%高锰酸钾溶液清洗,放于垫布上,并检查子宫有无捻转、裂伤。有严重水肿者,可用3%的明矾液洗涤,促进收敛。

从子宫角端开始向里整复,在母猪努责间歇时,用力推压,依次内翻,按此方法先后将子宫角、子宫体还纳腹腔,在子宫角通过子宫颈口时,要耐心将子宫角隔着子宫壁压进去,其余部分比较容易送回。整复完毕,用粗线缝合阴门2~3针,以防再脱,但要使猪正常排尿。当子宫严重损伤坏死及穿孔而不宜整复时,实施子宫摘除术。

复位结束后,肌肉注射青霉素,连续3~5天。同时,对外阴进行封闭用药,用普鲁卡因20毫升,在外阴两侧分点注射封闭,哺乳结束后,对于子宫脱出母猪建议及时淘汰处理。

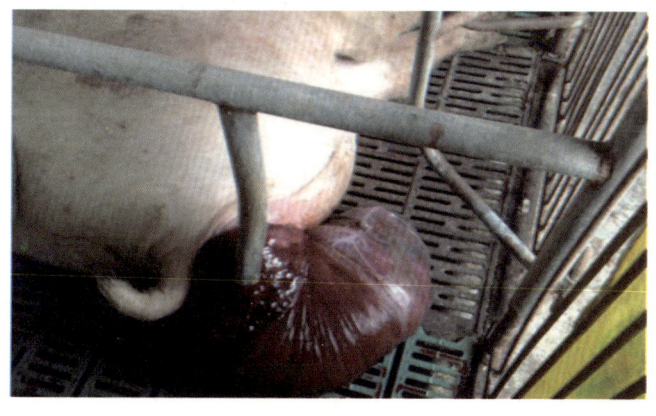

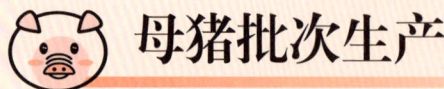

母猪批次生产

烯丙孕素又称四烯雌酮，是一种人工合成的口服型孕激素。目前，烯丙孕素主要应用于批次化生产中后备母猪、乏情经产母猪的同期发情以及母猪的同期分娩。

近年来，养猪业正向集约化、机械化大群饲养方向发展。大群饲养繁殖母猪由于各个母猪发情、配种、分娩的时间不同，管理上比较困难，从而降低了繁殖率。因此，大群饲养繁殖母猪极其需要母猪发情同期化。这也是母猪批次化生产技术中的重要环节。国内比较适合36天配种一个批次〔即4个批次，(25天断奶+5天发情+114天妊娠=144天，144÷4=36)〕。

◆ 药物原理

烯丙孕素抑制发情的原理是，通过减少血浆内源性促性腺激素(LH和FSH)的浓度产生作用，低浓度的促性腺激素能诱导大卵泡(>5毫米)的闭锁，不让卵泡的生长大于3毫米，导致在治疗期间母畜乏情。治疗结束紧随其后的是FSH和LH血浆浓度的正常分泌，并使卵泡生长和成熟。然后，动物以同步的方式恢复发情。

烯丙孕素除了有孕激素活性外，还有少量雌激素作用(黄体酮没有此功效)，二者协助能促进子宫发育，增加年轻母猪子宫体积，有利于提高产仔数。烯丙孕素主要用于后备母猪的性周期同步化，与血促性素和促性腺激素释放激素配合，达到定时输精的目的。

◆ 用药方式

烯丙孕素可以采用直接口服或者是饲料添加的方法来饲喂。对于大多数猪场来说,更多采用直接口服的方式,为了保证饲喂效果,可以先用苹果汁或糖水驯化2~3天后再用口服枪饲喂,每头母猪每天口服5毫升。

1. 用于后备母猪

烯丙孕素用于诱导后备母猪同步发情和同步排卵,增加排卵率、提高怀孕率,但不影响胎儿的成活率。

处理措施:饲喂烯丙孕素14~18天,停止给药后数日可集中发情,发情率为85%~97%。国外有报道,对最佳饲喂持续时间进行了研究,分别进行持续饲喂14天和18天,观察不同饲喂持续时间对同期发情效果的影响。结果表明,持续饲喂18天的后备母猪表现出更为精确的同期发情,6天内发情率更高(14天为89.0%,18天为96.0%)。所以,后备母猪一般建议饲喂18天时间。举例:6月20日有大批母猪要断奶,但是这个批次需要补充3头后备母猪,那就在6月2日开始给这3头体重达标的母猪每天口服5毫升烯丙孕素,连续饲喂18天停止用药,一般在停药后4~6天母猪开始发情,从而达到同期配种的目的。

在促进同期排卵时,烯丙孕素多与PG600组合应用。先每日用烯丙孕素5毫升处理18天,停药后间隔24~48小时,配合PG600耳后颈部肌肉注射5毫升处理(国外资料显示:试验组$n=100$;对照组$n=100$)。试验组继而肌肉注射PG600。结果表明,与对照组(仅用烯丙孕素组)(排卵率17.4%±1.1%)相比,烯丙孕素+PG600处理后的后备母猪平均排卵率差异显著(排卵率为28.8%±1.1%)。

2. 用于经产母猪

调整母猪群的分娩时间,有助于养殖场实施"批次分娩"和"全进全出"生产策略。饲喂烯丙孕素可以延迟妊娠后期母猪分娩,进而实现同期分娩。有研究证实,在母猪妊娠后期110~113天,每天按20毫升/头给

妊娠后期母猪饲喂烯丙孕素2~3天，可以延长妊娠期，防止妊娠母猪提前分娩，实现同期分娩(此期间也可以使用黄体酮)。

此操作不造成死胎率、死亡率或难产率的上升，不引起产后泌乳量和奶水中IgG含量的下降。本药物延迟分娩的功能还可用于霉菌毒素引起的早产，避开母猪周末分娩等。烯丙孕素还可用于延迟母猪断奶后发情，改善母猪下胎次的繁殖性能，但不影响分娩率。其原因可能包括两方面：一方面是从断奶到下一次发情的延迟使得母猪有更多的时间恢复体况；另一方面是烯丙孕素能够提高卵细胞的质量。

使用烯丙孕素一般不能超过18天，同时也不要少于7天。母猪断奶后使用烯丙孕素不足7天，反而会降低下一胎次的分娩率和窝均产仔数。母猪断奶后，短时间应用烯丙孕素可引起卵泡变大，但是由于较大的卵泡易老化，表现出的雌激素活性有限，影响卵母细胞的成熟，反而会降低母猪的繁殖力。

后备母猪
定时输精技术示意图

烯丙孕素每天饲喂剂量20毫克；
血促性素注射剂量为1000单位；
气味调节剂每次喷1～2喷；
促排A₃为100微克
本程序适用于日龄为210～230天的后备母猪

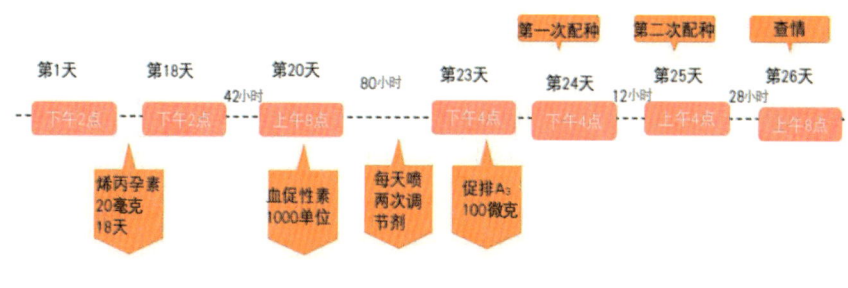

经产母猪
定时输精技术示意图

血促性素注射剂量为1000单位；
促排A₃为100微克

本程序适用于哺乳期为21～28天的母猪

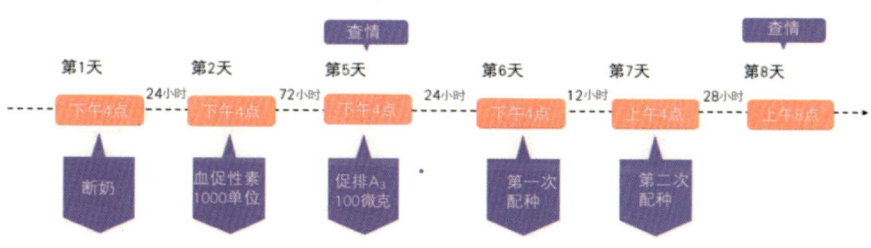

仔猪管理篇

提高仔猪成活率和健康度是养好育肥猪的基础。

 为何是黄色腹泻却不是黄白痢

腹泻是整个养殖业中危害最大的疾病之一，尤其是饲料禁抗生素后，腹泻的发病率在很多猪场占所有疾病的比例超过50%以上。

治疗腹泻时，养殖者每次都喜欢用同样的方案，但是很多时候，不同的腹泻治疗方案完全不一样。导致腹泻的病因主要有细菌、病毒、寄生虫、环境、营养、母源等。

首先就是哺乳期间仔猪腹泻，如要发现仔猪拉黄痢后用氨基糖苷类抗生素没有效果，这种情况一般可以断定不是黄白痢。

根据经验，不同阶段的腹泻发病因素有一定的规律。

(1)产后3~5天黏稠腹泻：多见仔猪黄痢。

治疗方案：口服庆大霉素或者氟哌酸。

(2)产后3~5天水样腹泻：多见伪狂犬病。

救助方案：3头份伪狂犬弱毒疫苗，配合转移因子。

(3)产后7~9天水样腹泻：多见球虫病。

满足以下三点要求的可初步判断为此病：a.仔猪习惯性在产后7~8天腹泻；b.腹泻第二天开始严重；c.粪便臭，容易有1~3种颜色粪便。

治疗方案：使用托曲珠利(百球清)或者磺胺脒。一日两次，连续3~5天。

(4)产后15天左右黄色水样腹泻：多见病毒性腹泻(多为圆环病毒或温和猪瘟病毒)。

治疗方案

白细胞干扰素配合血清治疗。

 # 为什么猪场链球菌是常发病

"打出的链球菌，冻出的副猪"，"消不好毒得链球，吃不好料得副猪"。链球菌属于革兰阳性菌，首选的药物是青霉素、林可霉素、磺胺类药物。导致链球菌疾病常发的主要原因与圈舍卫生和消毒有直接关系。往往是由于咬伤、刮伤、去势、断脐导致的伤口，饲养人员没有注意到，同时圈舍卫生和消毒做得不好，从而引发的链球菌。比如，新生仔猪断脐时没有用碘伏消炎，感染链球菌后，经过1~3天的潜伏期就开始出现症状。

预防：对环境的常规清洁、消毒以及对伤口的及时消毒非常关键。处理好新生仔猪牙齿和产床的尖角，防止仔猪相互咬伤和在产床上刮伤的现象。

指导：对于产房仔猪经常性的链球菌症状，还可以给产后母猪和断奶后的仔猪饲喂7天左右的阿莫西林。

链球菌猪的不同症状

链球菌病作为猪场的常发病，有着"容易判断，治疗费劲"的特点，困扰很多养殖者。链球菌病同样是条件病，表现形式主要有四种，分别是脑炎型链球菌病、脓肿型链球菌病、关节炎型链球菌病、败血型链球菌病。

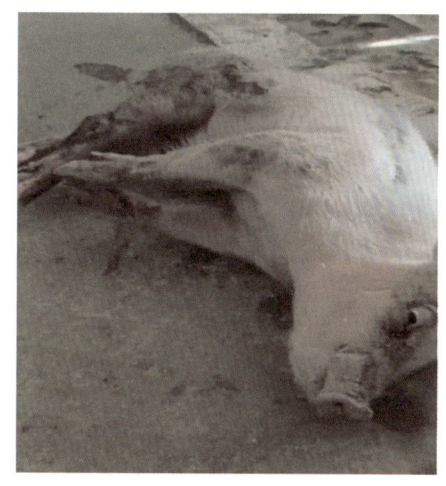

◆ 脑炎型链球菌病

脑炎型链球菌病各个阶段都容易发生，仔猪发病率明显高于育肥猪。发病猪可见体温升高、共济失调、转圈，甚至多见猪倒地滑水等。治疗不及时容易死亡。

治疗方案

一边用复方磺胺嘧啶钠，一边用呋塞米。

◆ 脓肿型链球菌病

多见于颌下淋巴结、颈部淋巴结等脓肿型的症状。一般病程较长，有的甚至超过1个月时间。发生脓肿后需要一段时间达到化脓成熟，肿胀中央变软，皮肤坏死，

自行破溃流脓，方可痊愈。

治疗方案

（1）硬的肿包短期不用管，跟踪变化，必要时可涂抹10%鱼石脂软膏，一天两次，连续5～7天。

（2）软的脓肿也不要及时操作，如果猪体其他状态正常，待脓肿成熟后及时切开，排出脓液。一般病程3～5周。

（3）脓包处用0.1%高锰酸钾冲洗，涂撒青霉素粉面。

◆ 关节型链球菌病

关节型链球菌病的发病率明显高于育肥猪，主要表现就是一个或多个肢蹄关节肿大、疼痛、跛行。

治疗方案

青霉素+地塞米松+安痛定。

◆ 败血型链球菌病

败血型链球菌病仔猪很少发生，越大的猪，越炎热的夏季，越容易发病。败血型链球菌病常表现为全身性，或者身体多处大面积出现败血症的症状。最急性败血型链球菌病发生时，猪只发病急，死亡快，很多时候当养殖人员发现时猪只已经死亡，急性败血型链球菌病的症状多表现为呼吸急促、体温升高、身体出现紫红色等。

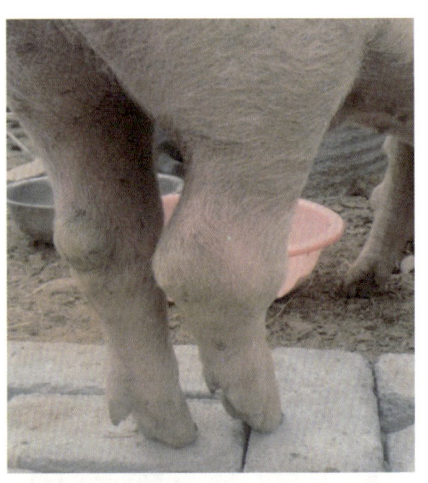

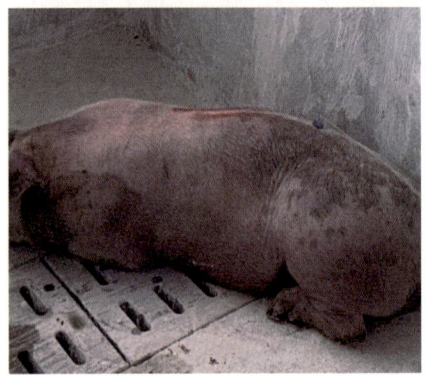

治疗方案

一侧用林可霉素+地塞米松，另一侧用复方磺胺间甲氧嘧啶钠。

注意事项

链球菌疾病不需要做苗，首先是因为细菌性疾病有药物可以治疗，其次链球菌致病性血清型有多种，往往做苗效果不佳。

仔猪滑水是怎么回事

猪滑水症状不一定是链球菌导致的脑膜炎，还有伪狂犬病和仔猪水肿病等主要的常见病。

通过猪场大量神经症状疾病的解决方案，为大家总结出初步判断疾病的方法。

◆ 水肿病

多见于断奶后的仔猪，往往一窝中偏大的仔猪更容易发生。水肿病滑水的四个关键特点分别是：断奶后一个月内多发，眼睑红肿，叫声沙哑，四条腿同时滑水（绝大多水肿

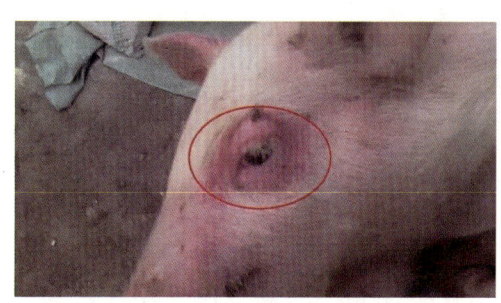

病滑水是4条腿同时滑)。

解决方案

注射呋塞米;注射头孢+恩诺沙星。

◆ **伪狂犬病**

伪狂犬病导致的滑水主要发生在哺乳期间和断奶后一个月内的仔猪身上。有单个猪发病和多个同时发病的场景(脑膜炎链球菌一般都单个发病)。尤其是断奶后仔猪多发,一般多由于母源抗体的干扰,导致仔猪抗体不足。所以一般猪场在产后35天会给仔猪进行伪狂犬二免加强。

通过上百次对疾病的判断总结,以及大量康复猪的实例证明,对于伪狂犬病导致的滑水症状发生时,当把滑水的断奶仔猪反向翻身后会有自动往回翻的动作。

治疗方案

伪狂犬病疫苗3~4头份,配合转移因子。

◆ **脑膜炎型链球菌病**

与以上两者不同的是,脑膜炎型链球菌病在猪的各个阶段都容易发生,而且往往单个发病,很少遇到一圈仔猪等于中3头或超过3头同时得脑膜炎型链球菌病的情况。与伪狂犬病的部分症状有点相反,脑膜炎型链球菌病仔猪滑水,反向反转后仔猪没有往回反转的动作。如果细心就会发现,这期间仔猪滑水一般是两条腿滑,而不是4条腿同时滑。

注射呋塞米;注射复方磺胺嘧啶钠。

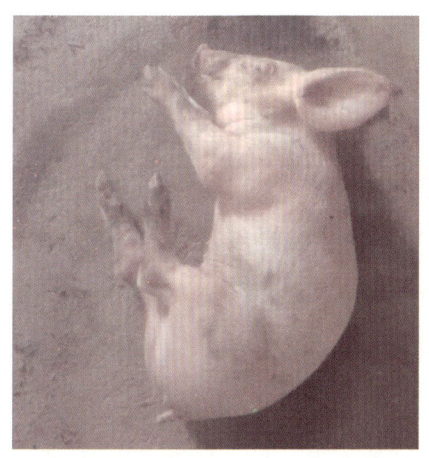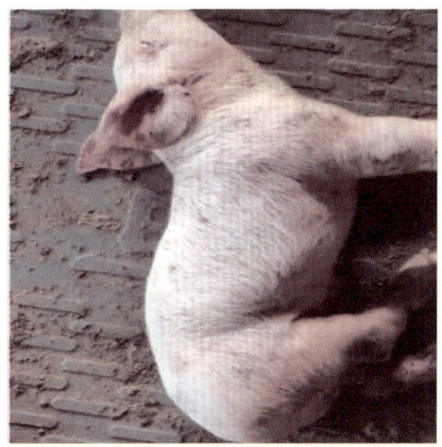

注意事项

　　生产中,仔猪常见的脑炎症状主要就有以上三种,即水肿病发生时眼皮红肿、叫声沙哑,有明显的症状表现;而对于伪狂犬病和脑膜炎型链球菌病如果不能准确区分,可以采用一刀切的方案:注射3~4头份伪狂犬疫苗;注射复方磺胺嘧啶钠。

 如何减少副猪嗜血杆菌病的发生

　　副猪嗜血杆菌病又称多发性纤维素性浆膜炎和关节炎(简称"副猪")。临床症状多表现为体温升高,被毛粗乱,精神沉郁,关节肿胀,呼

吸困难,多发性浆膜炎等。由于副猪嗜血杆菌有15个以上血清型,所以很多时候做疫苗效果不佳,一般建议加强管理,以减少应激来控制副猪。

副猪常作为继发病源与其他疾病混合感染,其中多与支原体、圆环、蓝耳混合感染。

◆ 解剖症状

副猪死亡时多伴有肚子大,腹内有大量黄色腹水,肝脏、脾脏周围覆盖大量纤维素渗出物;胸腔有大量淡红色积液和纤维素渗出物,并且多发胸腔与肺部粘连、心包积液、绒毛心等症状;关节腔内有浆液性渗出物。

◆ 加强管理

(1)断奶仔猪及调运仔猪饲喂电解多维+维生素C,饮水7天,以增强机体抵抗力,减少仔猪应激。

(2)加强圈舍卫生消毒,尤其是冬季的保温工作,冬季是副猪冷应激的高发期。同时,断奶仔猪本着不换圈、不换料、不换人的原则。

(3)仔猪应饲喂适口性好、抗腹好的优质教槽料,断奶仔猪一旦不吃开口料,或者腹泻,就容易降低抵抗力,从而引发副猪嗜血杆菌病。

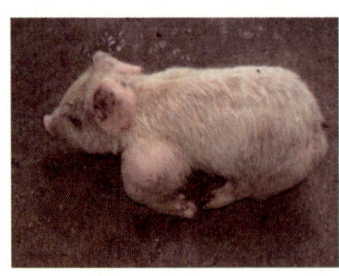
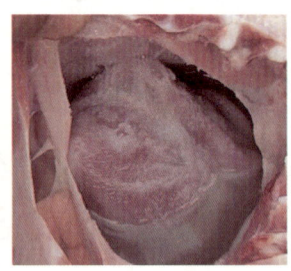
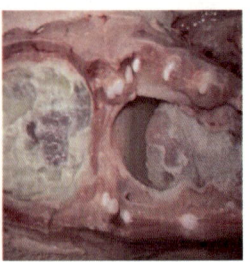

治疗方案

注射头孢噻呋+恩诺沙星;呋塞米(有大肚子的仔猪)。

拌料:替米考星+氟苯尼考,混合饲喂5~7天。

温馨提示1:由于副猪嗜血杆菌病经常出现混合感染,所以要注意圆

环和蓝耳病毒的防控,以及与支原体的混合感染。

温馨提示2: 副猪嗜血杆菌病早期发现就要快速对症治疗,发病后期大量的腹水、绒毛心及胸腔粘连会导致呼吸衰竭,死亡率非常高。

仔猪低血糖如何治疗

仔猪低血糖多发生在新生仔猪阶段,多表现为多头仔猪同时发病,主要因素是产后母猪奶水不足。临床表现为迟钝、虚弱、肌肉震颤、走路不稳、痉挛抽搐、精神沉郁等症状。不及时救助,死亡率很高。

治疗方案:每头仔猪,口服20%葡萄糖10毫升。一天3~4次,连续服用3天。

注意事项

一方面,发现仔猪低血糖症状时,让全窝猪口服葡萄糖,提前预防。另一方面,当遇到母猪产后奶水不足,或者没有奶的情况时,仔猪不能通过哺乳获得相应的母源抗体和免疫球蛋白保护,这时仔猪一般免疫力低下,容易受到细菌感染,建议每头仔猪口服1毫升庆大霉素。

 油皮病如何预防

仔猪油皮病又叫仔猪渗出性皮炎,是由金黄葡萄球菌感染导致的一种急性接触性传染病。圈舍卫生不清洁、消毒工作差的养殖场更容易感染油皮病。

油皮病与仔猪的伤口有直接关系,如断脐、去势、断尾、咬伤等导致的伤口感染。另外,母猪体外寄生虫会传染给仔猪,当仔猪感染后皮肤瘙痒,蹭产床时容易刮破,划破的伤口也容易感染此病,所以母猪在上产床前要对产床和母猪自身进行消毒和驱虫处理。新生仔猪剪牙也会减少仔猪油皮病的发生。

油皮病是接触性疾病,对发病仔猪最好隔离喂奶治疗,如果不隔离仔猪,就可能导致一夜之间全窝感染油皮病。

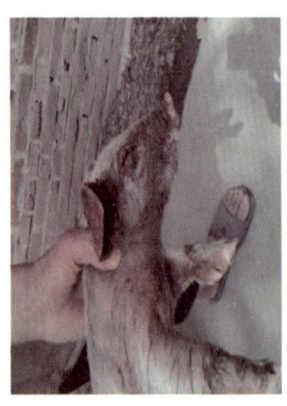 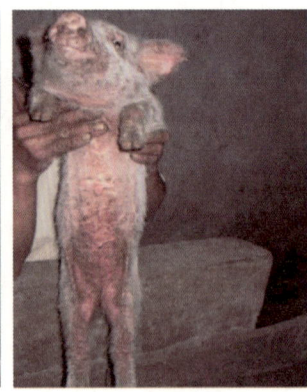 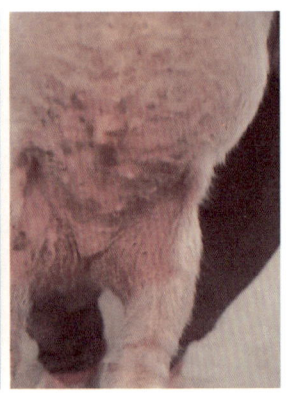

治疗方案

(1)发生油皮病的仔猪,先用0.2%的高锰酸钾清洗,也可以用过硫酸氢钾消毒液浸泡。

清洗后涂抹红霉素软膏,严重的用青霉素+地塞米松+除赖灵外喷。

（2）肌肉注射长效头孢混悬液；肌肉注射青霉素+地塞米松+黄芪多糖。

（3）给仔猪饮水：电解多维+葡萄糖+补液盐+可溶阿莫西林。

回肠炎如何治疗

猪回肠炎又叫增生性肠炎、坏死性肠炎、增生性出血性肠炎等。排便主要症状为血色水样下痢、沥青样黑色粪便，后转变为淡黄色的稀便或者水泥样的腹泻。

回肠炎在天气突变（如热应激）、饲料突变以及转群运输过程中非常容易发病。治疗时很多抗生素药物均有效，但是经常发现用药就好、停药就犯的情况。建议一般拌料用药连续使用10天。

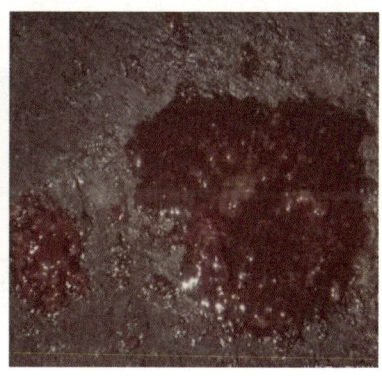

治疗方案

（1）拌料1：泰万菌素+地美硝唑。

(2)拌料2：泰妙菌素+黏杆菌素。

(3)饮水：加入肠道调节剂。

(4)出血严重的，注射止血敏，每头5~10毫升，每天两次，连续3天。

注意事项

青霉素、氨基糖苷类、益生菌、酶等对本病基本没效果。

 # 怎样做好仔猪三点定位

三点定位指的是锻炼猪固定的排便、睡觉、吃料的位置，尤其是对外购仔猪、转群猪要做好三点定位，让猪在固定地点拉尿可以改善圈舍卫生，从而使猪的健康程度有很大提升。如何做好三点定位？现提供一些方法。

(1)用料定位：在准备让猪睡觉的地方撒一些饲料，猪一般不会在有料的地方排大小便。

(2)用粪定位：在准备让猪排便和撒尿的地方，先放一些脏物或者同一猪场猪排的粪便。

(3)夜间定位：夜间猪休息时，发现有躺卧地方不对的猪只进行哄起，让其躺到该躺的地方。

(4)用水定位：准备让猪趴卧的地方保持干燥卫生，让猪排尿的地方洒一些水。

(5)木板定位：散养户为了冬季保温或者避免圈舍太潮，一般会使用木板定位，这样的话猪会主动躺上去，一般也不会在木板上排便撒尿。

大家经常发现一窝猪睡觉时会整齐地排成一排，遇到个别猪排便位置不对时，要及时清扫，并且用草木灰撒干。这样猪在固定位置排便就很容易做到了。

 # 为什么保育仔猪难养

简单来说，保育仔猪的免疫力较差，消化功能不健全，个别缺乏抗体保护，当应激存在时就容易感染疾病。保育仔猪有两个不可避免的应激，一个是离开母猪的应激，一个是由吃奶改为吃料的应激。仔猪的应激还有很多，如转群的应激、打疫苗的应激、抓猪的应激、温度变化的应激等等。

猪的生长过程中有两个明显的免疫空白期，在这两个空白期，猪体内的抗体数量少，缺乏对疾病的抵抗能力。这两个时期，一个是新生仔猪未吃初乳时，此时是没有任何抗体保护的（母猪产后3天内的乳汁为初乳），所以大家经常发现，不吃初乳的仔猪寄养给其他母猪也很难存活；另一个是刚断奶的仔猪失去母源抗体的保护，而自身的免疫系统还不完善时。这期间的仔猪非常容易感染疾病，尤其是冬春交替季节，仔猪多发各种疾病。

上面第一个免疫空白期很好解决，也很短暂，产后给仔猪快速吃上

母猪初乳就可以让仔猪获得母源抗体保护。

第二个免疫空白期的解决方法如下：断奶仔猪不换圈、不换人、不换料，减少不必要的应激；保证好保育仔猪的所在产床的清洁干净、温度适宜(一般断奶仔猪的最适温度为26℃左右)；保健拌料：电解多维+维生素C。

温馨提示1：哺乳期间仔猪教槽成功很关键，会防止断奶仔猪不会吃料，是减少断奶后仔猪应激最有效的方案之一。

温馨提示2：应激无处不在，小而少的应激对仔猪是有好处的，可以激发仔猪对应激的适应，增强仔猪的抵抗力。

新生仔猪震颤怎么治疗

先天性震颤是仔猪刚出生后，表现为全身性或局部性阵发性痉挛的一种病，俗称"抖抖病"或"跳跳病"，仅见于新生仔猪。引发此病的原因很多，主要有以下几点：

(1)遗传性震颤：母猪在妊娠期间营养不良，导致胎儿发育不良，特别是小脑发育不全，属于遗传性原因引发的震颤。

(2)猪瘟病毒性震颤：母猪在妊娠期间感染猪瘟病毒，或猪瘟疫苗接种不当造成母猪感染猪瘟病毒，而出现新生仔猪先天性震颤。

(3)圆环病毒性震颤：母猪妊娠期间感染了圆环病毒病，导致新生仔猪出生后出现震颤。很多先天性震颤的病例，都跟母猪检测出有圆环病

毒有直接关系。所以母猪做好圆环病毒免疫很关键。

(4)低血糖、缺铜、霉菌引起的震颤：出生的仔猪低血糖，饲料中缺铜或仔猪铜代谢障碍，妊娠母猪长时间采食含有霉菌毒素的饲料等因素都会引起仔猪先天性震颤。

治疗方案

针对先天性震颤的仔猪，口服20%葡萄糖10毫升，同时需要人工辅助固定奶头吃奶，一般2～5天仔猪即可恢复。

注射免疫球蛋白1毫升。

猪痢疾如何治疗

猪痢疾又叫猪血痢、黑痢、黏液出血性下痢，是由猪痢疾密螺旋体引起的一种相对严重的肠道传染病。主要症状为黏液性出血性下痢。急性主要以出血性下痢为主，咖啡色或黑红色，往往有脱落黏膜组织碎片；亚急性以黏液性下痢为主，下痢是粪便含有黑红色血液和黏液。

本病最常发生于体重10～30千克的猪只，母猪和成年猪较少发生。大多是由于引进猪只后，经2～3周开始发病。主要是由于直接或间接吃入病猪或带菌猪的粪便而感染。疾病呈缓慢持续性流行，最初一部分猪发病，然后同群猪相继发生，死亡率取决于药物治疗效果。

大群病猪经过治疗症状消失后，隔3～4周可复发。临床康复猪常成为带菌猪，成为下次流行的传染源。由于不易检查杜，因而疾病一旦传

入，即使应用药物治疗也很难加以彻底消灭。本病无明显季节性，秋冬多发。饲料变换、运输、阉割、拥挤和寒冷等可促使疾病发生。

治疗方案

（1）注射乙酰甲喹（痢菌净）5毫升。

（2）注射止血敏（有出血时使用），连续2~3天。

（3）拌料：四环素类抗生素（如金霉素、土霉素）拌料，每吨料200克，连续5~7天。

 # 猪球虫病如何治疗

猪球虫病是球虫寄生于猪肠道的上皮细胞内引起的肠道病，由艾美尔球虫和等孢球虫引起。其中，等孢球虫是主要的致病原。该病多出现在7~10日龄，发病率可达100%。感染该病主要引起腹泻下痢，仔猪被

毛粗乱、脱水、消瘦，粪便松软呈糊状，随着病情的加重水样并散发出腐败乳汁样酸味。

球虫病不像胃肠炎一样突然全群发病，而是先个别发病，发病后第二天常迅速蔓延至全群，如已出现症状，即使治愈也会影响生长发育，故本病应着重预防。

猪感染球虫后的症状表现为腹泻，排黄色和灰白色粪便，偶尔为棕色，恶臭，开始为黏稠粪便，一般12小时左右转为水样腹泻，导致仔猪脱水，不及时治疗非常容易脱水死亡。

治疗方法

(1) 饮水：补液盐+电解多维。

(2) 口服：百球清或磺胺间甲氧嘧啶钠。

◆ **如何区别仔猪黄痢**

(1) 用庆大霉素等氨基糖苷类抗生素无效。

(2) 仔猪多在 7 ~ 10 天腹泻。

(3) 腹泻开始黏稠，一般 12 小时后开始严重拉水。

(4) 腹泻的粪便有黄色、灰白色，甚至有棕色。

满足以上四点，基本断定为球虫病。

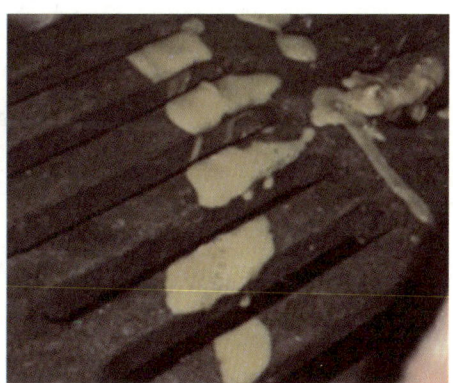

注意事项

圈舍要保持干净清洁,消毒很重要,避免鸡猪同圈饲养。对于频发球虫病的猪场,可以在仔猪产后3天口服1毫升百球清进行预防。

 # 仔猪水肿病的特征及治疗方法

猪水肿病又名猪胃肠水肿,是由致病性大肠杆菌产生的毒素引起的。以头部水肿、运动失调、惊厥、麻痹,以及剖检时胃壁、肠系膜等水肿为特征。临床治疗较困难,以抗菌、强心、利尿、解毒为主。

水肿病主要发生在断奶前后的仔猪身上,尤其是断奶后,发病突然、病程短、死亡率高。发病多是营养良好体格健壮的仔猪。

叫声沙哑、四肢滑水、眼睑水肿为本病的主要三大特征。

治疗方法

(1)20%葡萄糖注射液20毫升、硫酸卡那霉素注射液30万单位、地塞米松注射液1毫升、维生素C注射液2毫升。用法:一次静脉推注,连用1~2次。

(2)安钠咖注射液1~2毫升。用法:一次皮下注射,视情况可第二日再注射1次。

(3)呋塞米注射液1~2毫升。用法:一次肌肉注射,可于第二日酌情再注射1次。

注意事项

（1）加强断奶前后仔猪的饲养管理，提早补料，训练采食，使断奶后的仔猪能适应独立生活；断奶不要太突然，不要突然改变饲料和饲养方法；饲料喂量逐渐增加，增加维生素丰富的饲料，会减少水肿病的发生。

（2）因缺硒会导致加剧仔猪水肿病的发生和加重病情，建议仔猪产后7天注射1毫升亚硒酸钠维生素E。

（3）治疗时，使用强心药促进血液循环，强心利尿，促进水肿液的排出，减轻心脏的负担。

（4）本病药物治疗的早期效果较好。治疗不及时，仔猪死亡率可达100%。

 # 仔猪黄白痢如何治疗

仔猪黄白痢是仔猪黄痢和仔猪白痢的简称，主要表现就是仔猪黄色/灰黄色和白色/灰白色的腹泻，有时腹泻会伴有吐奶，病原体是致病性大肠杆菌。一般仔猪出生2～7天内表现黄痢，7天后多表现白痢。所以仔猪黄痢也叫早发性大肠杆菌，仔猪白痢也叫迟发性大肠杆菌。

仔猪黄白痢主要以消化道感染和带菌母猪为主要的传染源。产房管理不当，卫生条件差，阴冷潮湿，昼夜温差大，都是诱发黄白痢的主要原因。

大肠杆菌抗原复杂，有O/H/K三种抗原；血清型多，有几百种。所以大家经常发现母猪接待种黄白痢疫苗后，仔猪依然会有发病的现象，所以仔猪黄白痢更多需要依靠产房的管理工作。

母猪产前30天和15天分别接种大肠杆菌K88、K99和987P三价灭活疫苗或大肠杆菌K88、K99双价基因工程疫苗。

前面内容多次强调，细菌性疫苗不建议猪场做，原因非常简单，首先是免疫的效果不理想，其次是有很多药物如氨基糖苷类、喹诺酮类等都可以治疗。

治疗方案

1. 仔猪黄痢

口服庆大霉素/恩诺沙星1毫升，配合益生菌调节肠道菌群。

2. 仔猪白痢

注射链霉素+盐酸小檗碱；注射维生素C。

3. 母猪饲喂

母猪产后,过奶止痢(四黄止痢颗粒)连续饲喂5～7天,可有效治疗仔猪黄白痢。

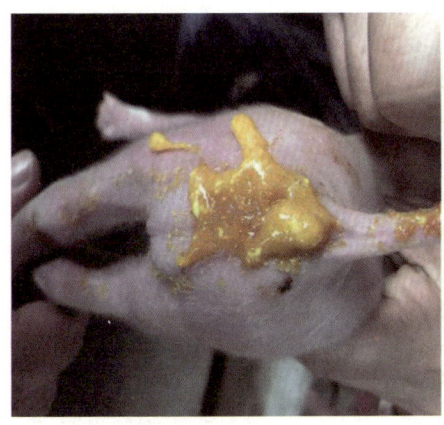

◆ 哺乳仔猪腹泻详情表

不是所有的黄色痢都是黄白痢,不能每一次腹泻都用同一样的方案。导致仔猪腹泻的因素有很多,不要每次腹泻都用相同的方案去治疗。仔猪腹泻的因素有很多,主要有以下几种:

哺乳期仔猪腹泻的原因、症状、治疗方案

病毒性腹泻	猪瘟病毒	多见仔猪腹部肚皮出血点	猪瘟疫苗免疫，断奶仔猪建议4头份
	圆环病毒	多见仔猪腹股沟淋巴结明显肿大	白细胞干扰素配合血清治疗
	伪狂犬病病毒	多见产后5天内腹泻，呈黄色水样腹泻	伪狂犬病疫苗3头份，配合转移因子
	胃肠炎	多见冬季大面积腹泻	口服胃肠炎活疫苗，配合腹腔补液
细菌性腹泻	黄白痢	黄/白色腹泻	庆大霉素效果明显
	回肠炎	多表现水泥样腹泻	泰妙菌素效果明显
	副伤寒	黄绿色粪便	四环素类明显
营养性腹泻	乳房炎	乳房红、肿、硬	乳房注射普鲁卡因青霉素效果明显
	母源奶水	仔猪吃奶就腹泻	母猪喂过奶止痢
寄生虫腹泻	球虫病	黄色/灰白色/棕色粪便	百球清是首选药物
环境腹泻	冷应激	阴冷潮湿产房易发	改善产房环境卫生

仔猪圆环病的症状

提到仔猪圆环病,很多人首先一定浮现出仔猪消瘦露骨的症状。而圆环病毒同样会导致仔猪先天性震颤,导致猪出现皮炎肾病综合征。

很多行业从业者都在探讨圆环疫苗到底用不用接种,若接种,仔猪的成本提高,不接种又怕仔猪出现症状。建议如下:由于圆环病毒可以导致母猪出现免疫抑制,当猪场有仔猪消瘦问题时,建议母猪、仔猪共同免疫圆环疫苗为最佳;但是在猪场圆环病极少发生的情况下,由于圆环疫苗属于猪场效益苗之一,也可以不用接种。当出现圆环病症状时,治疗方案如下:

◆ 仔猪消瘦综合征

(1)免疫:亚单位圆环疫苗+转移因子。

(2)拌料:扶正解毒散+益生菌。

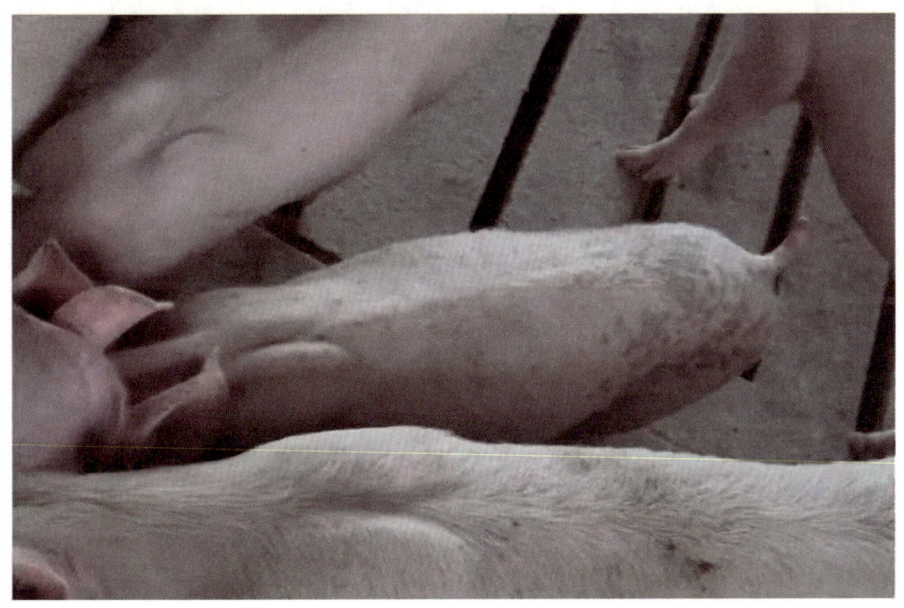

◆ **先天性震颤**

(1)口服：20%葡萄糖10毫升。

(2)3天内吃足初乳。

◆ **皮炎肾病综合征**

拌料：扶正解毒散＋黄连解毒散。

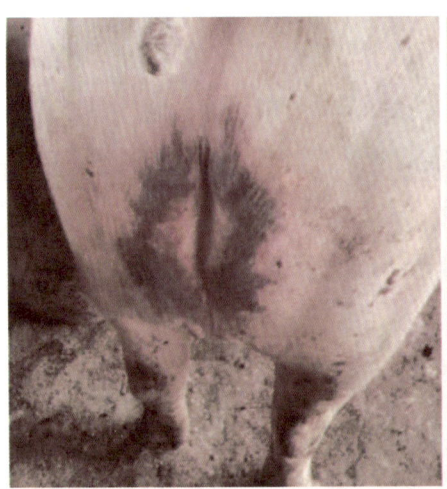 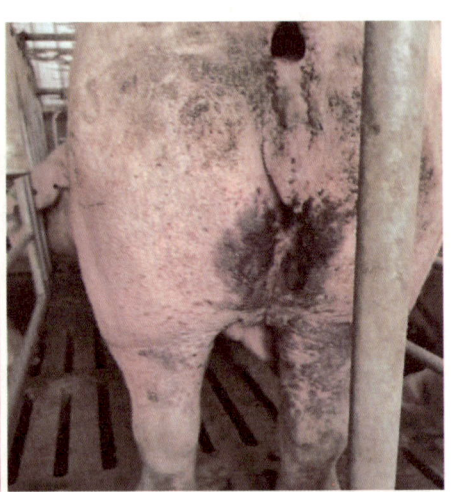

注意事项

　　一方面，当猪场副猪常发，或者蓝耳病不稳定时，建议对猪群免疫圆环疫苗，因为这几种病经常混合感染。另一方面，由于圆环疫苗多数属于灭活疫苗(除亚单位疫苗，目前无弱毒活苗)，建议如果接种圆环病毒灭活疫苗，间隔20天后进行二免加强为最佳方法。

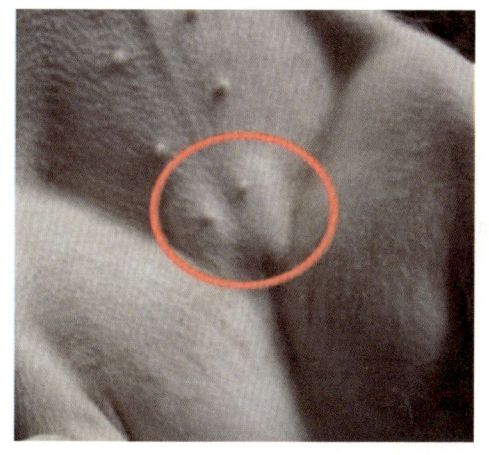 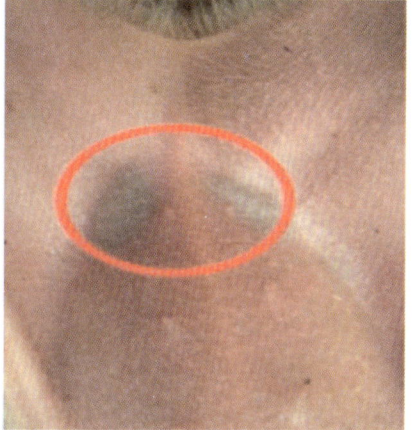

圆环导的致淋巴结肿大　　　　　　圆环导的淋巴结发青

 # 导致仔猪僵猪的原因

导致仔猪断奶消瘦僵猪的原因有很多，常见的有胎僵、奶僵、病僵、药僵、料僵等。

◆ 胎僵

顾名思义，胎僵是指新生仔猪明显体重不足。妊娠期间母猪饲喂不标准，最常见的就是饲料营养的不标准、攻胎时间不标准等，导致仔猪出生大的大、小的小。初生重明显不足的仔猪往往抢不上奶，非常容易成为僵猪。

饲喂母猪优质的母猪料，做好驱虫工作，产前25天开始使用哺乳料进行攻胎是减少胎僵的首要工作。

◆ **奶僵**

奶僵是奶水不足导致仔猪生长缓慢，最后表现僵猪的现象。所以要选择母性更好的母猪，同时为了提高奶水质量，可以更换更好的催奶型哺乳料，可以适当增加母猪的饲喂遍数，冬季每天改两次为三次，夏季每天改三次为四次。对于奶水不足或者产仔过多的母猪，需要及时把仔猪寄养给其他母猪。

做好保温、补铁、补料也会明显降低仔猪哺乳期间的僵猪概率。

◆ **病僵**

仔猪腹泻、喘气、寄生虫病都会造成仔猪成为僵猪，同时圆环病毒导致消瘦综合征也是导致露骨僵猪的主要原因。减少仔猪的腹泻，及早控制仔猪的呼吸道疾病，做好圆环疫苗的免疫，是减少病僵的首要工作。如果看不出明显的症状，可在饲料中添加黄芪多糖粉、5%葡萄糖粉和阿莫西林，连用7天。黄芪多糖可以起到抗病毒、提高免疫力的作用，阿莫西林是广谱抗菌药，可以杀灭大多数细菌。

◆ **药僵**

仔猪过度用药或者用药不当容易导致仔猪僵猪，这种情况在猪场很常见。目前市场上还有一些违规的复方药、长效药，能治疗各种疑难杂症的特效药，有些药打了以后猪明显长得很慢；同时大量使用抗生素如替米考星、氟苯尼考、磺胺类药物等，不良反应很大。尤其是磺胺类药物，有骨骼生长抑制作用，用了磺胺针剂，猪明显长得慢。但是有些病如弓形体、脑炎等，是非用磺胺不可的，其他药物效果不理想，磺胺药物使用一般不超过5天。

◆ **料僵**

饲料导致的僵猪更多发生在仔猪阶段，一般与饲料质量差和抢不上料有直接关系。一些散养户的猪圈"猪多碗少"，导致一些猪抢不上料，

健壮的仔猪吃得更健壮,体质差的仔猪吃得少生长明显减慢,免疫力随之降低,容易引发消耗类疾病,逐渐形成僵猪。

◆ **僵猪拓展治疗方案**

(人用)肌酐注射液、三磷酸腺苷注射液、维生素B_{12},混合后肌肉注射,另一侧注射生血素,注意:注射一次后,间隔10天再打一次。

用量1:

30斤左右仔猪一样2支;

50斤左右仔猪一样3支;

80斤左右仔猪一样5支。

用量2:

生血素按照说明书正常注射。

仔猪气喘的解决方案

提到仔猪气喘,很从业者认为就是支原体肺炎。其实不然,养殖生产中副猪嗜血杆菌、蓝耳病等都会导致仔猪出现气喘,甚至弱毒非洲猪瘟带毒后也会表现顽固性的呼吸道气喘病。如今,针对春天很多突然气喘的仔猪(多发生在25~40斤之间)很难治疗,特别容易死亡。解剖和核酸检测得到的结果就是蓝耳病和圆环病毒。

很多时候仔猪出现气喘病,养殖者并不能直接判断出具体疾病。仔猪出现气喘病后首先对症治疗,一般可以注射头孢喹肟混悬液或氟苯尼

考+泰乐菌素。

以上方案为气喘病常用方案，无论对于副猪嗜血杆菌还是支原体都有效果。

此期间如果治疗不佳，往往会出现仔猪死亡。养殖者可以自行解剖仔猪，初步判断疾病。

如果检测出气喘是蓝耳病的问题，需要全群拌料预防，一般可使用泰万菌素+氟苯尼考+抗病毒中药，拌料7天左右即可。

如果检测出非洲猪瘟病毒阳性，由于缺少能压制的药物，建议快速拔牙处理，最好全部处理，以减少病原体传播。非洲猪瘟由于目前传播的毒性仍比较强，不建议带毒生产。

仔猪不爱长的解决方案

养殖生产过程中，健康的仔猪也经常出现生长速度不快的现象，而仔猪阶段生长的快慢是影响猪只出栏时间最关键的因素。有一句行话：仔猪断奶差1斤，出栏差10斤。根据笔者全程跟踪的两个猪场案例，断奶差1斤，结果出栏差了15斤左右；出生100日龄差10斤，出栏至少差20斤。

禁抗后很多养殖者发现猪的整体生长速度都慢了，其实背后的真实原因是大多数的饲料企业缺乏技术的创新。新型生物饲料完全可以弥补禁抗后的生长慢和疾病多的劣势。饲料的必然趋势为，有抗养殖→无抗养殖→生物替抗。

养殖生产中还有哪些因素会影响猪只的生长速度？

◆ 补料不及时

仔猪在哺乳阶段没能及时补上料，断奶后往往不能很好地进食，引起生长缓慢、发育停止。一般应在仔猪7日龄就开始补料，这样在母猪后期的泌乳量下降时，就能正式补上料，以弥补母猪泌乳量的不足。

◆ 饲料饲喂调整

仔猪前期建议使用高蛋白、高鱼粉饲料(原则：仔猪不腹泻)，肥猪后期建议使用高油脂饲料，全程再配合添加5%中草药生物饲料，一般猪只的生长速度为最佳。

养殖生产中，一些养殖者选择低蛋白的三七饲料，好处是抗腹泻效果会更好，缺点是生长速度一般达不到最佳。笔者在禁抗后跟踪过10家以上饲料行业公认不错的三七料，结果30～100斤之间的三元仔猪，居然

没有一个料肉比低于2:1的(大群称猪实验),有的甚至料肉比在2.4~2.6。建议前期饲喂生物型保育配合料。对于后期饲喂预混料的养殖场,建议除了选择优质的预混料外,每吨配合完饲料额外加入10公斤左右的食用级豆油效果最佳。

◆ 环境条件差

圈舍卫生差,湿度、温度不合理,很容易影响仔猪的健康生长。不难发现,冬季圈舍里面的猪往往比门口的猪长得快,夏季圈舍门口的猪往往比里面的猪长得快。原因就是冬天门口总开门太冷,夏季圈舍门口通风要好于里面,靠近门口的猪受热应激影响少。

◆ 去势时间不对

目前还有一些养殖场给仔猪去势在断奶后操作,仔猪越大,去势的应激越大,使仔猪体重在很长一段时间恢复不过来,严重影响仔猪正常的生长发育,造成不应有的损失。一般小公猪可在7~10日龄去势。

仔猪断奶就腹泻的解决方案

养殖生产中,为了让母猪断奶后快速发情,多数猪场都采取早期断奶的饲养模式。一般不建议21天断奶,而是25天断奶(传统是28天断奶)。仔猪胃肠道尚未发育完全,断奶后食物从奶水变成固体饲料,应激太大,会导致腹泻。

仔猪断奶是非常强烈的应激,离开母猪带来的恐惧、仔猪重新混群后争斗地位带来的恐惧都会影响仔猪的胃肠道消化功能，而胃肠道中未能及时消化的饲料就会成为各种有害细菌的营养物质，有害细菌大量繁殖产生的毒素等引起仔猪腹泻的发生。

仔猪断奶后失去母源抗体的保护，自身免疫机能又未能建立，整体抵抗力低下，是导致仔猪断奶就腹泻非常主要的原因。

解决方案

（1）首先疫苗免疫要做好，否则断奶后失去母源抗体保护就会引发腹泻问题。如猪瘟疫苗要在仔猪产后21天后才能接种，建议加倍免疫。猪瘟疫苗过早免疫会受到母源抗体干扰，影响免疫效果。

（2）哺乳期间要及早给仔猪补料，仔猪断奶不会吃料就是最大的应激，很容易受到细菌或者病毒感染，导致腹泻。

（3）对于断奶仔猪，建议饮水加入电解多维，提高仔猪抗病力；拌料加入益生菌，调节肠道菌群平衡。饲喂时陆续加料，防止仔猪饥饿后突然大量采食，引发仔猪营养性腹泻。

（4）断奶时赶走母猪，仔猪不换料、不换人、不换圈。如果仔猪所吃的教槽料不佳，建议更换优质教槽料。

 # 仔猪副伤寒为什么少见了

随着养殖水平的不断提高，很多过去养殖中常见的疾病如今都很少遇到了，如仔猪副伤寒。

仔猪副伤寒又称猪沙门氏菌病，是由猪霍乱沙门氏菌和猪伤寒沙门氏菌引起的一种常见传染病。

◆ 诱发因素

由于气候变化异常，阴雨天过多造成圈舍潮湿，温度湿度变化较大，再加上圈舍卫生比较差，饲养密度大，空气污染等，造成仔猪的抵抗力下降而导至了该病的发生。

◆ 临床症状

(1)急性型：发病较急，潜伏期短，感染猪体温突然上升，达到41℃以上，采食量下降或完全废绝，精神不振，喜欢独卧一角，对外界刺激不敏感，腹部蜷缩成团，维持弓背状姿势，出现腹痛的典型表现，同时粪便恶臭、不成形，污染尾根部位，下痢一直持续。症状出现后的48～72小时，体温开始下降，但下痢仍然存在。部分猪出现呼吸道症状，如咳嗽、喘气、呼吸困难等，进而全身开始缺氧，血液中还原性血红蛋白升高，皮肤由暗红色变为紫红色。急性型如果不及时治疗，病猪容易脱水而死亡。

(2)慢性型：潜伏期较长，大部分在一周以上，病程也长。感染猪采食量有所降低，但不会废绝。下痢表现出周期性，有时拉稀和便秘交替发生，粪便为淡黄色或黄褐色，后期为淡绿色，这是肠炎导致肠功能失调后，胆汁无法被重吸收而随粪便排出体外的结果，腥臭味较大；长时间拉稀时，粪便中偶尔还会带血或脱落的肠黏膜。体温方面，有些猪正常，有些猪升高，单纯肠道感染时体温一般正常，如果毒素吸收进血液便会导致体温上升，皮肤表面有丘疹，尤其是下腹部居多。心脏跳动衰弱，皮肤呈现出紫黑色，耳尖、耳根和四肢最为明显。随着疾病的发展，多数猪最终体重下降，料肉比上升，机体衰弱，行走无力，死亡率在30%～60%之间。

◆ 预防措施

(1)冬季仔猪圈舍注意保暖,保持清洁干燥。食槽要干净,及时清粪。加强饲养管理,仔猪断奶分群时,不要换舍。

(2)猪断奶前后,可口服弱毒冻干苗预防。

(3)仔猪发病后,及时隔离治疗,猪舍彻底消毒;对尚未发病的仔猪,可在每吨饲料中加入金霉素500克和电解多维1000克,加以预防。

治疗方案

对沙门氏菌敏感的抗生素主要有氟苯尼考、庆大霉素、安普霉素、新霉素、多西环素、硫酸黏杆菌素等。

(1)饮水:电解多维、黄芪多糖。

(2)打针:黏杆菌素+多西环素。

(3)拌料:安普霉素+四黄止痢+益生菌。

 # 外购仔猪四不要

（1）外购仔猪时要看仔猪的精神头。精神头旺盛的仔猪一般为健康仔猪，精神头不活跃的谨慎购买，虽然在对方圈舍没有问题，但抓回来后由于应激极易引发疾病。

（2）外购仔猪时未去势的仔猪不要。很多外购回来后再去势的仔猪由于体重过大，容易引发应激，从而引发疾病。

（3）外购仔猪时腿短型差的仔猪不要。腿短型差的仔猪后期一般生长速度慢，料肉比高，而且体重稍微大点，由于体型肥胖卖猪时往往不值钱。

（4）外购仔猪时肚皮有出血点或者腹股沟淋巴肿大的仔猪不要。抓猪时要仔细看一看，这样的仔猪往往表现为亚健康，抓猪应激后容易发病，这种情况下猪群容易暴发混感疾病，死亡率高。

仔猪进圈后第一周是关键期，饲养人员要格外小心。往往第一周不发病的仔猪后期就没啥大问题。进圈仔猪应该注意的问题如下：

（1）免疫。大家都在探讨外购仔猪回来需要接种什么疫苗，有的说猪瘟，有的说伪狂犬病，有的说圆环，还有的说蓝耳。殊不知，仔猪外购回来本身应激较大，如果在原猪场免疫合格，那么外购回来30斤的仔猪，建议只接种猪瘟疫苗就足够了；如果外购40斤左右的仔猪，可以不用做苗。具体需要了解对方的免疫情况。

（2）饮水。很多从事外购的人员反映外购仔猪抓回来都容易腹泻，其实外购仔猪只要回来饮用5～7天白开水，腹泻率就会明显降低。饮水中可以加入电解多维和阿莫西林。

(3)饲喂。外购仔猪第一周饲喂要尤为注意,对初入栏猪的饲喂要本着少给勤添、逐渐过渡的原则,开始每天可饲喂3～5次,7天后开始让其自由采食。要选用营养全面、消化性较好的仔猪料。春天昼夜温差大,拌料时可以加入替米考星+氟苯尼考+电解多维,连续5～7天。

(4)环境。调整舍内温度,外购仔猪最佳温度在25℃左右,保持圈舍清洁,做好通风换气,保证舍内空气新鲜,改善猪舍的空气质量,降低氨气浓度。

(5)组群。组群要本着体重大小相近的原则,避免差异过大造成大欺小、强欺弱现象。仔猪阶段,密度最好以每平方米养1头猪为好,避免密度过大。

(6)定位。新入栏猪要做好"三定位",调教好猪的采食、睡卧、排粪尿习惯。要随时观察猪的精神、采食、健康状态,发现异常情况及时解决。

◆ 市场行情

外购仔猪时也要关注市场行情。外购仔猪的育肥时间一般为4～5个月,所以外购仔猪时不能以当下猪价为准,要根据母猪的存栏情况和疾病情况以及猪企的操作等预判未来一段时间猪的出栏数量、消费的高低等,来初步判断猪价。非洲猪瘟过后这几年,有一个非常奇怪的现象,就是很多人喜欢在11—12月外购仔猪,结果几乎每次都是亏损。

 # 断奶仔猪须注意哪些问题

当仔猪生长发育到一定阶段时,必须断奶。及时断奶不仅可以促进仔猪的生长发育,还可以提高母猪的繁殖能力和使用价值。但是这期间仔猪由液态母奶转换为固态饲料,再加上与母猪的分离,会导致仔猪断奶时出现明显的应激反应。所以对于仔猪断奶建议做好以下几点要求:

◆ **不换圈**

断奶时只将母猪赶出,将仔猪留在原圈饲养,保持环境不变。

◆ **不混养**

让同窝仔猪在一起生活,尽量避免与其他仔猪混群,以免发生咬架和混群应激现象。

◆ **不换料**

仔猪断奶后第一周内饲喂的教槽饲料要与哺乳期一样,一周后再逐渐换成断奶仔猪料,并在饲料中添加电解多维,以减少断奶带来的应激。

◆ **不换人**

刚断奶时仔猪特别胆小,见了陌生人会吓得四处乱跑,影响进食,最好让原饲养员饲喂。

◆ **不阉割**

刚断奶时阉割仔猪等于雪上加霜。仔猪这时候食欲减退,伤口愈合缓慢,非常容易受到病原体感染。最好把阉割提前到断奶以前,仔猪在7～10日龄就可以阉割了。

◆ **不加料**

对于断奶后仔猪在一周内尽量控制饲喂,防止一些适口性非常好的

开口料,吃得过多可导致消化不良,引起腹泻。同时,由于断奶后仔猪食欲差,如果添加饲料多容易吃不完,造成饲料浪费。

新生仔猪注意哪些问题

◆ 及时吃初乳

仔猪出生后没有母源抗体保护,属于免疫空白期,非常容易受到病原体感染,只有及时吃到初乳,仔猪才能获得抗体。所以仔猪出生后快速吃上初乳是至关重要的,可以极大地提高它的免疫力,增强体质。

◆ 做好防寒保暖

仔猪这时候因为刚刚脱离母体,所以非常怕冷。不同阶段仔猪的最适温度是不同的,具体如下:

对于出生1~3天的仔猪,我们要保证室内温度最好是32℃。4~7天以后我们可以保证温度是30℃。8天以后,我们可以逐渐降低温度,到断奶时大概是26℃左右就可以。

◆ 防止黄白痢

新生仔猪自身免疫机能差,非常容易受到细菌感染,尤其是大肠杆菌的感染会引发仔猪的黄白痢。这种疾病也是仔猪在哺乳期内常见的腹泻病。主要表现是仔猪拉出的大便是黄色的,而且喝奶量少,甚至严重的情况下会产生脱水以及昏迷的情况。

新生仔猪出生前,要彻底清洗消毒母猪的整个肚皮和外阴,减少仔

猪的细菌性感染概率。吃初乳前,先人为挤两滴母乳,把乳头内脏物排出,防止仔猪吃奶后引起腹泻。

必要时,产后仔猪吃母猪初乳前口服1毫升庆大霉素,可以有效减少产房黄白痢的症状。

◆ 及时补水补料

仔猪产后第三天开始给仔猪补充饮水,不饮水的仔猪容易喝脏水导致腹泻;仔猪最适宜的教槽时间是7~10天,这样有利于猪仔的生长。

◆ 剪牙补铁

仔猪出生当天要给仔猪剪牙,剪牙可以减少仔猪抢奶时对乳头的伤害,减少母猪发生乳房炎;剪牙后仔猪的油皮病也会明显减少。

仔猪出生3天要补铁,补铁可以有效防止仔猪贫血和自身抵抗力低的问题,补铁的位置最好在仔猪后大腿内侧。一般注射生血素1毫升。

 # 仔猪去势的最佳时间

仔猪去势安排在7~10日龄进行为最佳时间。去势过早,仔猪睾丸小且易碎,不易操作;去势过晚,仔猪应激大,伤口不易愈合,而且疼痛反应剧烈,影响仔猪的正常采食和生长。

7~10日龄的仔猪处于母源抗体保护较强的阶段,此时去势易操作,应激反应相对比较小,出血量少,不易感染疫病。

有养殖者在仔猪15日龄将其去势,但此时去势不是最佳时间。首先,

因为仔猪15日龄时通过母乳获得的母源抗体开始下降，而仔猪自身的免疫机制尚未健全，此时去势，病原体极易通过伤口感染引发疫病。其次，一般养殖场会选择在15天前后做圆环或者蓝耳疫苗，去势的原则是不与疫苗免疫冲突。

◆ 仔猪去势的意义

(1)仔猪去势是为了增重、生长更快。去势之后可以减少能量和精力供给生殖系统，可以最大化发挥猪的生长效能。一般情况下猪达到220斤以上就开始表现性成熟，相互爬跨，尤其是母猪发情后会明显影响采食量，影响日增重。

(2)猪在去势后，肉质口感更好。猪在没有去势的情况下，达到性成熟后，体内会有大量性激素，尤其是公猪，会有很大的猪骚味，严重影响猪肉口感和品质，去势之后就没有猪骚味了。

◆ 阉割手术方法

(1)将阉割仔猪做好固定或者抓牢，阉割部位用抹布擦拭干净，涂上碘伏或者酒精消毒，在开口周围皮肤涂抹均匀，范围尽量大一点。

(2)摸准睾丸，用大拇指和食指挤压一个睾丸，用阉割刀切开表层皮肤和白膜，切口不宜过大，够一个睾丸挤出即可，一般都是切开两个口分别取出睾丸，最好做到一个切口，取出两个睾丸。

(3)剖开睾丸内膜挤出后，用另一只手的两个手指将睾丸向外拉出，包括附睾一同拉出，拉出精索和血管，可以用指甲刮断，让其萎缩变细自断，不自断的情况，用阉割刀在精索和血管表面滑动使其慢慢断掉。

(4)两个睾丸取出后，往囊袋涂抹碘伏，若有流血，倒入止血敏让其止血，提住后腿倒立两下即可，阉割刀喷洒酒精消毒。

(5)小母猪去势一般养殖场不会很好地操作，建议找专业兽医去势。母猪由于发情较晚同时有药物可控，也可以不用去势。

 如何给小母猪去势

养殖生产中，可以将不留种的母猪卵巢摘除，使其失去性欲，从而提高母猪生长性能和猪肉品质，增加猪场的经济效益。操作小母猪的去势相对小公猪去势有些难度，具体步骤如下：

◆ **保定母猪**

手术由一个人操作时，术者左手抓住仔猪的左后肢，将猪倒立提起，右手抓住仔猪的耳朵，并向下扭转半圈，将仔猪侧向贴于地面，术者右脚踩住仔猪头部。然后左手将其后躯放低贴于地面，两手抓住右后肢，用力将仔猪躯体和左右后肢猪蹄前面朝上，呈现半仰卧姿势，术者左脚踩住其左后肢小腿部。

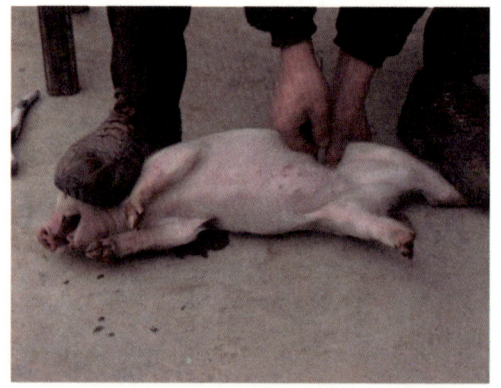

◆ **手术部位**

术者左手中指指腹顶住仔猪的左侧髋关节，拇指用力按压其侧皱边缘下方1~2厘米处的腹壁，其按压力点与中指顶住的髋关节相对应，髋关节

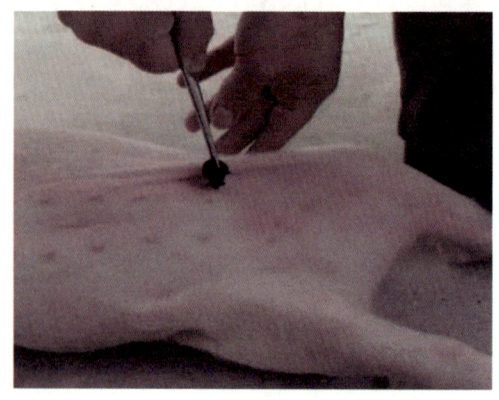

与小腹壁按压点呈一垂直线。手术切口在拇指按压点稍下方。

◆ **手术方法**

　　用碘伏消毒之后即可开始手术。右手握住刀柄,为控制刀口深度,以食指贴住刀柄,距离刀尖约1厘米处进行操作。左手拇指用力下压术部,右手持刀向术部垂直插入,同时左手拇指轻压术部,借助腹腔压力,一次穿破腹壁。此时用刀向外推压伤口,左手拇指紧压术部,子宫角即可涌出切口。如子宫角不能涌出,可用刀柄伸入腹腔勾出,连同卵巢、子宫角一起摘除,其断端涂抹碘伏消毒后送回腹腔内,为防止粘连,术后需要提起仔猪后肢摇晃几下。

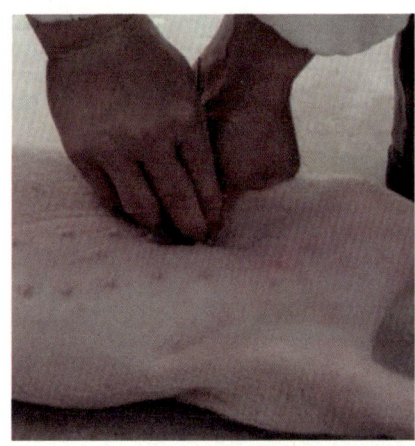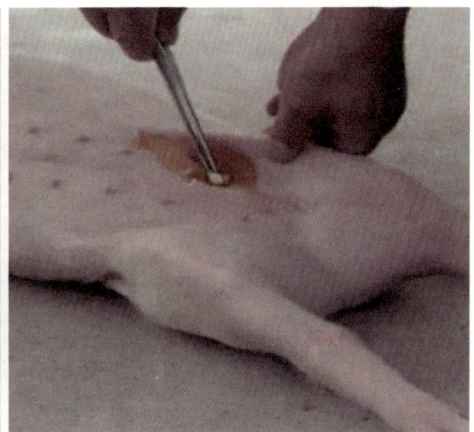

仔猪伪狂犬疫苗滴鼻好
还是肌肉注射好

对于仔猪伪狂犬病疫苗，其实滴鼻免疫和肌肉注射免疫都有效果，而且各有利弊。养殖生产中多建议采用滴鼻免疫，但是滴鼻免疫时必须有滴鼻喷雾头，否则滴鼻后容易失败。

具体滴鼻免疫与肌肉注射的优缺点如下：

◆ 滴鼻免疫的优点

伪狂犬病滴鼻的原理就是通过鼻腔黏膜到达三叉神经，起到伪狂犬病免疫站位和防止感染的作用。

（1）防止母源抗体干扰。滴鼻是黏膜免疫，母源抗体不存在黏膜中，而是在体液、组织液和淋巴液中。滴鼻不受母源抗体干扰，而肌肉注射会受到母源抗体干扰。

（2）防止野毒感染。伪狂犬病病毒主要是通过呼吸道传播的。滴鼻

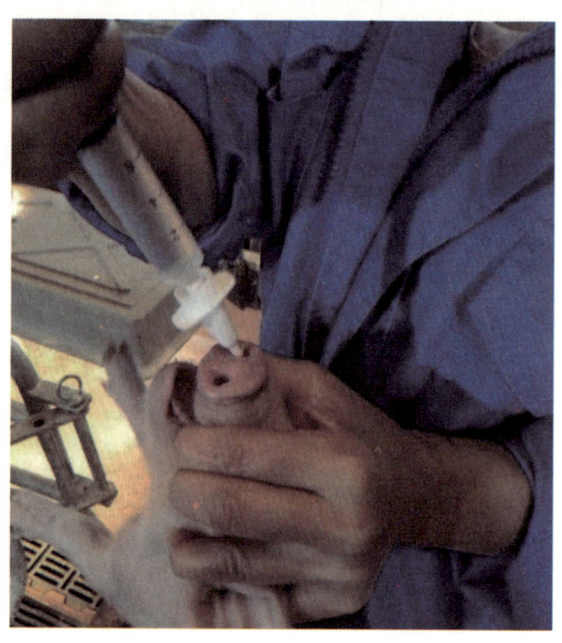

免疫的话,疫苗中的基因缺失病毒会抢占仔猪的呼吸道表层,起到站位作用,隔绝了伪狂犬野毒的入侵,而肌肉注射达不到此效果。

◆ 滴鼻免疫的缺点

(1)如果母源抗体不存在的话,有时黏膜免疫维持时间也短,所以滴鼻效果好的前提是母猪抗体水平好。

(2)剂量不足或者操作不当,可能不能形成良好的黏膜免疫。

◆ 肌肉注射的优点

剂量准确,注射方便,产生循环抗体,免疫坚强。

◆ 肌肉注射的缺点

如果仔猪母源抗体水平高的话,会中和母源抗体,造成免疫失败。

因此仔猪肌肉注射必须实行超前免疫,就是吃初乳前肌肉注射。

◆ 总结

对于母猪产前接种疫苗的猪场或者每年接种三次免疫的猪场,母猪本身具有良好的母源抗体,滴鼻还是最佳的选择。

如果母猪产前没有接种疫苗,也没有形成规律的普免,可以考虑1头份滴鼻+1头份肌肉注射同步进行。

注意事项

伪狂犬病滴鼻免疫建议在产后8～24小时内完成。产后35天(一般在断奶后一周左右)二免,建议肌肉注射。伪狂犬病有必要进行二次免疫,形成循环抗体,首免滴鼻免疫产生的作用叫局部黏膜免疫;肌肉注射产生的作用叫体液免疫,具备循环抗体。

仔猪补铁补硒的重要性

传统养殖,猪可以从土壤中获得自身生长需要的铁和硒元素,但是如今"水泥地养猪"就需要人为补充。仔猪的生理特点是不耐低温、消化功能不完善、缺乏先天免疫力,但是生长发育迅速,如果饲料中营养不足尤其是缺乏微量元素铁、硒,就可能引起仔猪贫血、下痢或抗病力下降,因此,饲养仔猪一定要注意补铁、补硒。

◆ **仔猪补铁的原因**

1. 仔猪出生后铁的需求量大

仔猪出生时体内铁的贮存量只有40~50毫克,而其每天铁的需要量为10毫克,初生仔猪从母乳中得不到足够的铁,母乳每日只能供应1毫克左右的铁,如不及时补铁易造成仔猪缺铁性贫血。

2. 铜对铁吸收的影响

部分饲料厂家利用高铜促生长,严重影响对铁的吸收。当然,目前国家控制了硫酸铜的使用量。

3. 缺铁会导致免疫功能低下

◆ **仔猪补硒的原因**

(1)硒是仔猪生长发育的必要元素,如果仔猪缺硒会明显影响仔猪的健康度和生长速度,甚至会导致突然死亡。我国很多地区都有缺硒现象。

(2)因为仔猪在断奶时常缺硒,而缺硒更容易导致仔猪水肿病的发生。

(3)仔猪缺硒易患白肌病和肝坏死。

◆ **仔猪补铁补硒的方法**

1. 补铁

仔猪在出生后3天就要补铁。

（1）仔猪。

部位: 后大腿内侧45°角。

注射: 牲血素1毫升。

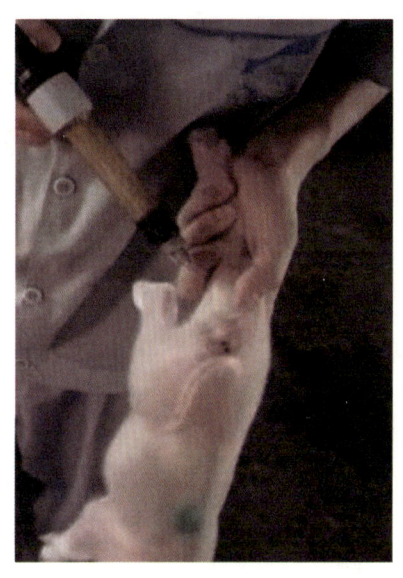

仔猪14日龄时,牲血素二次补充更有利于仔猪生长,一般建议注射1.5～2.0毫升。

（2）母猪。

口服铁合剂,如蛋氨酸络合铁、甘氨酸铁。

在圈内放入清洁的黄土或红土任仔猪舔食也有补铁效果。

2. 补硒

仔猪在出生后7天左右补硒。

仔猪: 肌肉注射亚硒酸钠维生素E,每头1毫升。

注意事项

补铁与补硒不建议加大剂量,额外加大剂量,容易出现中毒情况,甚至导致仔猪死亡。

 # 仔猪如何教槽成功

断奶前教槽不成功、断奶不会吃料是仔猪面临的最大挑战，抗病力会减弱，非常容易引发各种疾病，常见的有腹泻、副猪嗜血杆菌和断奶消瘦综合征等问题。

在养殖生产过程中，会看到这一现象，就是当哺乳母猪在地面吃料时，仔猪也很容易吃母猪料。问题来了：为什么仔猪能吃又粗又干的母猪料，却不愿意吃自己的教槽料呢？

因为仔猪有两个特点：喜欢新鲜，喜欢学习。当仔猪发现母猪有吃料动作时，它就会学习。如今，产房母猪基本都在产床上面养殖，建议仔猪槽里不要长期放开口料，这样不容易成功，仔猪喜欢少量的新鲜的食物。

◆ 解决方案

第一步：仔猪3天饮水时，有条件的可以不用水嘴，额外准备小水槽，倒入凉白开，加入一勺优质开口料和两勺葡萄糖，连续饲喂5天。

第二步：仔猪7天开始教槽。教槽的原则是：母猪吃料时给仔猪撒少量开口料，母猪不吃料时不让仔猪看到开口料。每天3~4次，连续7天，一般教槽会容易成功。

原理1：仔猪愿意学习模仿母猪的动作，所以在母猪吃料时给仔猪少撒一些，有助于仔猪学习吃料。

原理2：仔猪喜欢新鲜的少量的食物，所以这期间不要让槽子始终有料，要少放勤放，以母猪饲喂时间成为一个节奏为准，母猪吃完料半小时内把槽里少量的教槽料清理掉，杜绝长期有料，否则仔猪会失去新鲜感。

连续7天,有助于仔猪喜欢吃料。

市场上的教槽料五花八门,但真正优秀的教槽料很容易教槽成功,甚至给15天左右的仔猪倒上教槽料就开吃。而很多便宜的教槽料没有营养,养殖者选择的原料档次低,导致仔猪不愿意吃,或者吃完腹泻等问题。

优质教槽料的标准是:适口性好,抗腹泻好,断奶不掉膘。很多饲料企业在禁抗生素以后降低了开口料的蛋白质,结果是虽然降低了断奶仔猪的腹泻率,但是断奶后的仔猪明显不如吃奶时的膘情好,表现出毛色变差、生长慢。

教槽成功的方法很多,接下来与大家分享4点最常见的教槽方法。

一是异物引导法:在仔猪料槽内放几个消毒后的鹅卵石或者开水煮过的疫苗瓶,驱使仔猪因为好奇心而拱鹅卵石或者疫苗瓶,这样它自然会吃料槽中的饲料。

二是涂抹法:将教槽用的饲料调制成糊状,再涂抹在母猪乳房上,这样可使仔猪慢慢适应饲料。

三是以大带小法:将会吃料的仔猪和不会吃料的仔猪一起饲养,利用猪的模仿性,让不会吃料的仔猪学会。

四是强制补料法:调制成糊状的饲料强制让仔猪咽下去,每天3~4次后逐渐使用饲料,但是缺点是有可能引起仔猪应激反应,不到万不得已不要使用。

仔猪3天补水的必要性

水是动物身体的重要组成部分,仔猪体内水分高达80%。仔猪生长发育十分旺盛,代谢速度特别快,母猪乳汁浓(乳脂率在8%左右),所以需水量多。

仔猪出生3天就应该开始供给清洁充足的饮水,得不到补充会造成食欲下降、失水、消化功能减缓等问题。养殖生产中,仔猪产后不及时补充饮水,经常出现因口渴而饮污水或尿液的现象,会损害健康,引起下痢。饮水可避免小猪因口渴饮污水或尿液而导致感染疾病。在较好的集约化猪场,装有仔猪专用的自动饮水器。

简述仔猪断牙断尾

养猪生产中,给产房仔猪剪牙、断尾是一项常规操作,合理的正确的剪牙断尾可以给猪场带来很大的经济效益。但是剪牙断尾时却有很多应该注意的事项。

◆ 剪牙、断尾的好处

1. 剪牙能够减少仔猪间的相互撕咬和伤害母猪乳房

不剪牙的仔猪往往因为抢奶相互撕咬,同时也难免会伤及母猪乳头,这些伤口的出现,容易引发感染。养殖生产中最常见的咬伤后问题,表现在母猪身上更多的是乳房炎的发生，导致母猪不让仔猪吃奶；表现在仔猪身上更多的是油皮病和链球菌的发生，尤其是油皮病，有时发病后迅速蔓延整窝仔猪，治疗不及时，仔猪很容易脱水死亡。

2. 断尾可以减少咬尾的发生

很多养殖者不给仔猪断尾，担心断尾出血后感染，担心卖猪时不好抓猪。而以上两个问题都不是难题，不让仔猪断尾后出血可以使用电尾钳或者自行车气门芯，同时断尾一般只断1/2左右，所以不影响卖猪时抓猪。

而不断尾的仔猪遇到密度大、温差大、通风差等应激时非常容易出现咬尾的情况。咬尾一旦开始，如果不及时人为制止，就很容易把猪只尾巴全部吃掉，造成猪只的瘫痪。事实表明，断尾后的猪咬尾概率会明显降低。

◆ **操作注意事项**

1. 剪牙操作及注意事项

(1)时间上：剪牙一般在出生后12小时内进行，即剪平其上下八颗乳牙。剪牙不宜过早，应让仔猪吃好初乳获得母源抗体保护；剪牙更不宜过晚，产后几天牙齿会越来越硬，剪牙对仔猪的应激和伤害的概率就会变大。同时，一般对弱仔不建议剪牙。

(2)操作上：要选择质量较好的剪牙钳，并做好消毒。基础母猪群体大的养殖场，最好多备几把剪牙钳，尽量做到一窝一换，不交叉。剪完后也

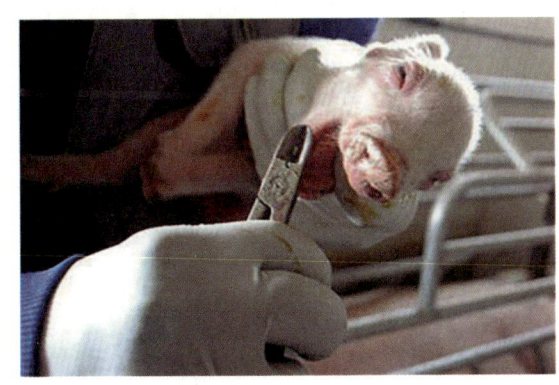

要消毒处理。

（3）手法上：右手剪牙钳要拿正，左手提起猪头，拇指、食指捏住嘴巴两边使其嘴巴张开、牙齿暴露。剪牙一般只剪去1/2即可，不能太靠近牙根部，以免伤及牙髓，引起感染和出血，同时一定要剪平整。

注意事项

仔猪剪牙一般不会出血，不用处理，若不慎出血可涂抹抗生素或碘伏处理。

2. 断尾操作及注意事项

（1）时间上：断尾一般在出生后3天进行，可与补铁操作一起进行（两者都是在仔猪的后面部分操作）。

（2）工具选择上：选择电加热电尾钳，其优点是不出血、痛苦小。左手倒提仔猪，中指和无名指夹住左后腿，拇

指、食指捏住尾巴，右手持电尾钳，尾巴放入电尾钳凹槽内即可。剪掉1/2就可以，留种用母猪可留稍长，盖住阴户即可。

注意事项

断尾不可断掉过多，以免伤及尾骨髓，使伤害加深。一般也不会出血，不用处理，若不慎出血可涂抹抗生素或碘伏处理。

 新生仔猪八字腿

养殖生产中，新生仔猪有时会表现八字腿的症状，大家都在探讨应该如何治疗，但实际上仔猪八字腿的现象完全可以提前避免。

导致仔猪八字腿的原因主要有两个：一个是霉菌毒素的影响，另一个就是疾病的影响，多见于伪狂犬病等。

◆ **霉菌毒素的影响**

母猪在怀孕期间吃了霉变饲料，新生仔猪就可能发生八字腿的问题，尤其是在夏季，仔猪发生八字腿的概率会更高，主要就是因为温度高、湿气重容易导致饲料发霉。

养殖生产中，除非饲料和玉米大量出现霉变，否则很多时候霉菌肉眼是看不到的，因此每年的5—10月建议饲料内拌料优质复合脱霉剂，以脱去饲料中的霉菌。再次强调，如果饲料有肉眼可见的霉变，一定不要给母猪饲喂。

◆ **疾病的影响**

经过大量养殖者反馈的仔猪八字腿情况，笔者总结：虽然理论上导致仔猪八字腿的原因有很多，包括蓝耳、猪瘟、遗传因素等，但是最常见的就是仔猪伪狂犬病，表现出一窝仔猪、多头仔猪出现八字腿现象。所以母猪伪狂犬病疫苗一定要及时免疫。

◆ **区别**

两者应该如何区别？霉菌毒素导致的仔猪八字腿，一般会伴随小母猪水门红肿，而伪狂犬病导致的则没有此症状。

◆ 治疗

针对伪狂犬病导致的八字腿，建议对仔猪肌肉注射3头份伪狂犬病疫苗，配合转移因子。

针对霉菌毒素导致的八字腿，建议让仔猪口服20%葡萄糖10毫升，用医用白胶布将其后腿固定，一般3~5天好转。

注意事项

一方面，要让八字腿仔猪吃上充足的母猪初乳，这样会明显降低死亡率。另一方面，提高母猪的饲料品质，杜绝饲喂霉变饲料，做好猪群的疫苗免疫，尤其是伪狂犬病疫苗的免疫，会明显降低仔猪八字腿的发生。

 仔猪塌塌腰是怎么回事

仔猪塌塌腰(又叫日射病)是养殖生产中夏季经常发生的问题，多发生于保育仔猪阶段。发病仔猪站立或者走路时，肚子会突然不由自主地往下陷，这种情况一般是由日光太强或者灯光太强导致的。

仔猪塌塌腰常发生在仔猪趴在强光直射的地面睡觉后。所以夏季养殖要避免仔猪在强光直射下休息。

治疗方案

用豆油+青霉素+地塞米松涂抹仔猪背部。每天两次,连续2～3天。

固定奶头有效吗

固定奶头是利用仔猪对奶头识别能力强的习惯,以及母猪的前三排奶水相对较好的特点,在产后3天内人工辅助每头仔猪固定吃一个奶头,从而达到照顾弱小仔猪以及使全窝仔猪均匀生长发育的操作措施。那么问题来了,固定奶头到底有没有效果?

尽管仔猪有固定奶头的习惯,但是在产后头几天是没有的,健壮的仔猪更容易抢占奶水充足的奶头,所以固定奶头要满足头3天有人工监护,这在散养户群体中相对好做,在规模化养殖中很难做到。

现在很多规模场,为减少人工的工作量,甚至都不进行接产了。到了母猪的预产期,打开产床上的烤灯和电热板,让母猪自行分娩,仔猪自行找保温箱、自行吃奶,除个别有胎衣包裹的仔猪容易死亡,绝大多数仔猪是非常好的,减少了大量的人力物力。

仔猪固定奶头的意义是,弱仔吃足奶水更有利于成活和成长,但是现在养殖场完全可以通过饲喂优质的母猪料,来减少仔猪出生不均匀的概率。所以,固定奶头理论上确实有好处,但是在现实生产中仔猪固定奶头的成本过高,意义不大。

如何成功寄养仔猪

当母猪产仔数量过少或者过多时，需要并窝合养或者寄养，把产仔过少的母猪实施并窝后，仔猪可以提早断奶，尽早发情配种；把母猪产仔过多的仔猪寄养给其他母猪，可以使仔猪都吃到充足的奶水。但是，不同情况下寄养方式不同。寄养的原则如下：

(1)寄养的仔猪需尽快吃到足够的初乳。有条件的最好让其吃完2天初乳后再进行寄养，成活率会更高。

(2)寄养的母猪产仔日期越接近越好，通常母猪生产日期相差不超过3天，最好是同一天生产的母猪。这样，仔猪产后可以直接寄养。

(3)发病窝不得往健康窝内寄养，防止疫病交叉感染。

(4)调大不调小，调强不调弱。后产的仔猪向先产的窝里寄养时，要挑选猪群里体重大的寄养；先产的仔猪向后产的窝里寄养时，则要挑体重小的寄养；同期产的仔猪寄养时，要挑选与养母所产的仔猪体重相近的寄养，以避免仔猪体重相差较大，影响体重小的仔猪生长发育。

(5)养母必须是泌乳量高、性情温顺、哺育性能好的母猪，只有这样的母猪才能哺育多头仔猪。

(6)寄养最好选择同胎次的母猪代养。即青年母猪的后代选择青年母猪代养，老母猪的后代选择老母猪代养。

(7)猪的嗅觉特别灵敏，母子相认主要靠嗅觉来识别。为了顺利寄养，可将被寄养仔猪与养母所生仔猪关在同一仔猪箱内，经过一定时间后再放到母猪身边，使母猪分辨不出被寄养仔猪的气味，才能寄养成功。

(8)仔猪寄养前，需要做好耳刺等标记与记录，以免发生系谱混乱和后期生产管理的问题。

初乳对仔猪的重要性

一般来说，母猪产后48小时内的母乳称为初乳，母猪分娩后乳汁中的母源抗体在12小时内含量最高，乳汁呈黄白色。初乳对新生仔猪的重要性不言而喻，未吃到初乳的仔猪死亡率可达100%。

初乳外观黏稠度大且有些发黄，具有很丰富的营养价值及免疫抗体，对于仔猪的后天生长发育和抗病能力起到重大作用。另外，初乳中含有的镁盐具有轻泻作用，能够促使仔猪排出胎粪和促进胃肠蠕动，有助于消化活动。

◆ **仔猪6小时保护理论**

新生仔猪6小时保护理论，即6小时内保温箱温度保持在33℃，6小时内不剪牙、不断尾。6小时内吃足300毫升母猪初乳，会明显提高仔猪的成活率。

对于仔猪一些必要的护理工作，如剪牙、断尾等，建议要在吃足6小时的初乳后进行。如果吃初乳太迟，仔猪就得不到较好的保护，小问题就会大大增加。让仔猪尽快吃到初乳，可以防止新生仔猪免疫空白期过长而造成病原体感染。

初乳的重要性，如下所述：

1. 提供给仔猪能量

母猪初乳的能量水平明显高于常乳。初生仔猪体温调节能力差，所以仔猪出生后，需要通过摄入初乳获得足够的能量，特别是对于那些初生的弱小仔猪，如果不能及时吃到足够的初乳，则容易体温下降，着凉腹泻，甚至死亡。

2. 抑制有害菌群

初生仔猪生长速度非常快，在出生后3天，其体重成倍增加。随着仔猪出生后，一些病原菌如大肠杆菌、沙门氏杆菌进入胃肠，并迅速繁殖，若仔猪不能很快吃上初乳，就不能抑制上述细菌繁殖，仔猪就可能发病，特别会出现仔猪拉稀现象。

3. 初乳是初生仔猪获得被动免疫的唯一途径

(1)由于猪胎盘的特殊构造，母猪血液中的免疫抗体是一种大分子蛋白，无法通过胎盘传入仔猪体内。所以仔猪出生后不具备先天免疫能力。

(2)由于仔猪自身的抗体要在出生10天后才会逐渐产生，所以在此之前依靠母乳的被动免疫方式是极为重要的。研究表明，猪初乳蛋白质含量显著高于常乳，而且其中60%~70%是免疫球蛋白。此外，初乳中还含有免疫活性细胞和非抗体保护蛋白等，可大幅度提高仔猪的抗病力。

4. 促进新生仔猪的胃肠道上皮黏膜发育

初乳中所富含的生长因子与激素(胰岛素等)会刺激胃肠道上皮黏膜在出生后2周内，特别是前24小时内快速发育成熟，使新生仔猪肠黏膜的营养吸收能力增加100倍以上。

 # 提高弱仔的成活率

养殖生产中,难免会遇到个别弱仔的情况,尤其是当今追求高产母猪的养殖,如丹系母猪产仔特别多,容易出现个别仔猪初生重小的情况。饲喂妊娠母猪劣质母猪料是出现弱仔最主要的原因之一。

◆ **弱仔的判断标准**

在一般情况下,1.0公斤以下的仔猪被视为弱仔,1.0公斤以上的被视为健康仔猪。在实际生产中,建议将0.6公斤以下的直接淘汰,0.6 ~ 1.0公斤之间的弱仔,活力强,拱奶有力,有饲养价值,养殖者可以采用一些方法把它养活。

◆ **护理弱仔猪的方案**

方法一:辅助仔猪吃好初乳。

通常情况下,刚出生的弱小仔猪往往不能及时找到母猪奶头,这个时候要辅助这些仔猪在出生10分钟左右找到母猪靠前边乳汁多的奶头,并且及时让仔猪吃到初乳,保证在黄金6小时内辅助仔猪吃饱初乳6次。

方法二:仔猪强弱分离。

仔猪在吃饱初乳6小时后(当然有条件的吃24小时内的初乳会更好),将其调整到一窝奶水较好并且产仔偏少的母猪栏中进行饲养,所找的养母的产仔时间最好与弱仔出生时间相当。

方法三:能量与抗体补充。

在仔猪出生后的3 ~ 5天内,给弱小的仔猪加强营养的补充,每天可以给仔猪口服20%葡萄糖10毫升。同时对于弱小仔猪可以在产后第二天肌肉注射1毫升布他磷注射液一次。

方法四：奶粉诱食。

在仔猪出生3～7天后，给仔猪饲喂优质乳猪奶粉，可以有效提高弱仔的健康度和成活率。这期间不建议饲喂教槽料。

方法五：分批断奶。

在一窝仔猪中，有些活力强、生命力旺盛的仔猪，生长速度非常快。而弱小的仔猪则生长速度要稍微慢一点，可以将活力强、生命力旺盛的仔猪先断奶，如23天，弱小的仔猪留到下一批再断奶，如28天。

 # 仔猪断奶的方式有哪些

仔猪的断奶方式有很多，断奶的时间标准也有所不同。合理的断奶既能保证仔猪健康成长，又可以提高母猪的发情率。

◆ **断奶日龄**

仔猪在出生后的21~25日龄，体重达到6千克以上，是最佳的断奶时间。这样做的话，母猪一般能在断奶4～5天顺利地发情配种，超过28天断奶会延迟母猪的发情，从而对母猪的利用率下降。对于有仔猪体重不足的母猪也不建议超过28天断奶，可以寄养给其他母猪；对于母猪奶水差的尽量提早断奶，可以减少体能的损耗，提高发情率。

◆ **断奶方法**

断奶的方法主要有3种：一次断奶法，分批断奶法，逐步断奶法。

1. 一次断奶法

即当仔猪达到预定的断奶日龄时，把母猪赶出来，把仔猪留在原圈里饲养。

优点：此法简单方便，适合工厂化的规模养猪场。

缺点：由于仔猪突然离开母猪生活，对环境和食物经常会有不适的反应，且母猪奶水突然没有仔猪吮吸，容易发生乳房炎。

注意事项

采用此法断奶时，一方面是断奶之前进行诱料工作，另一方面是在断奶的前2天需要减少母猪的饲喂量。

2. 分批断奶法

即在同一窝仔猪里，让个体较大的仔猪提前断奶，留下个体较小的仔猪继续吮吸母乳，过几天之后，再把母猪赶走，让弱小的仔猪在原圈里生活。

优点：可以增加弱仔的断奶体重，有效提高体弱仔猪的成活率。

缺点：不利于母猪的后续发情，降低母猪的利用率，同时个体大的仔猪突然换料换圈容易出现断奶应激。

3. 逐步断奶法

即在仔猪就要达到预定的断奶日龄时，提前5天开始控制母猪的哺乳次数，然后逐渐减少母猪的哺乳次数，直到断奶日期再把母猪隔离出去。

优点：母猪和仔猪都有一定的适应过程，大大降低了母猪乳房炎和仔猪断奶应激的发生概率。

缺点：增加了工人的工作量。

◆ **断奶后仔猪的管理**

1. 少喂勤添

仔猪在断奶后常常会吃得过多,然而其肠胃却没有发育完全,极易发生消化不良。所以断奶仔猪一定要采用少喂勤添的方法,每天少量饲喂4次即可。

2. 饮水保证

水是生命之源。仔猪主食从奶水变成饲料,一定要有充足的饮水,保证饮水清洁,有条件的,饮水中加入电解多维。

3. 定位工作

刚断奶的仔猪吃食、睡觉、拉尿都没有形成固定的位置,需要进行仔猪定位调教工作。方法是,仔猪拉大便的地方暂时不清扫,诱导仔猪来排泄,其他地方的粪便及时清除干净(参考:仔猪三点定位一节)。

注意事项

在仔猪断奶时,由于仔猪的免疫力不高,消化机能也没有健全,加上断奶的应激,致使仔猪的发病率上升,甚至容易发生仔猪死亡的现象。因此,为了养好断奶仔猪,需要做到不换圈、不换料、不换人。

仔猪异食癖的解决方案

　　仔猪异食癖是仔猪由于饲养管理不当、环境不适、饲料营养供应不平衡，以及疾病导致代谢机能紊乱所引起的一种应激综合征。

　　常见的仔猪异食癖表现为咬尾、咬耳、吸吮肚脐、食粪、饮尿等现象。相互咬斗是异食癖中较为恶劣的一种，被咬猪常出现尾部皮肤和被毛脱落，影响增重，严重时可继发感染，引起骨髓炎和脓肿，若不及时处理，可并发败血症等导致死亡。

◆ **导致异食癖的原因**

　　(1) 饲养管理不当。包括饲养密度过大、饲槽空间狭小、限饲与饮水不足、同一圈舍猪只大小强弱悬殊。

　　(2) 环境因素。秋冬季猪发病率比较高的原因可能是干燥和多尘环境导致了猪更多的烦躁和攻击行为。猪舍环境条件包括舍内温度过高或过低、通风不良及有害气体蓄积。

　　(3) 品种和个体差异。同一猪圈内如果饲养不同品种或同一品种间体重差异过大的猪，因品种及生活特点差异，会相互矛盾、相互争雄而发生撕咬。个体之间差异大，在占有睡觉面积和抢食中，常出现以大欺小现象。

　　(4) 疾病原因。猪疥癣等体外寄生虫发生时，可引起猪体皮肤刺激而烦躁不安，在舍内摩擦而导致耳后、肋部等处出现渗出物，对其他猪产生吸引作用而诱发咬尾。

　　(5) 营养供应不平衡。当饲料营养水平低于饲养标准，满足不了猪生长发育的营养需要时可导致咬尾症的发生。另外，日粮中的各种营养成

分如钾、钠、镁、铁、钙、磷、维生素等的缺乏或者不平衡也会造成此症。

◆ 预防措施

（1）加强饲养管理，营造良好的生活环境。

合理布控猪舍。同一圈舍猪只个体差异不宜太大，应尽量接近。饲养密度不宜过大，猪的饲养密度一般应根据圈舍大小而定，原则是以不拥挤、不影响生长和能正常采食饮水为宜。冬季密一些，夏季稀一些，保证每头育肥猪饲养面积达到1平方米、中猪达到0.6~0.7平方米、仔猪达到0.5平方米。

（2）仔猪及时断尾。对仔猪断尾是控制咬尾症的一种有效措施。

（3）分散猪只注意力。在猪圈中投放玩具如链条、皮球、旧轮胎以及青绿饲料等，分散猪只关注的焦点，从而减少咬尾症的发生。

（4）对于喝脏水和尿液的仔猪，提供优质饲料，适当加入少量食盐、矿物质和维生素。饮水要清洁，饲槽及水槽设施充足，注意卫生，避免抢食争斗及饮食不均。

（5）避免应激。调控好舍内温度与湿度，加强猪舍通风，防止贼风侵袭、粪便污染、空气浑浊潮湿等因素造成的应激。

基础管理篇

再好的饲料与再好的品种，没有管理，都是空谈。

 为什么伪狂犬疫苗免疫后无效

伪狂犬病疫苗是当今养殖必做的疫苗，但是很多养殖者的免疫操作都是错的，有的没有免疫的具体时间程序；有的是产后和仔猪一起做，担心怀孕母猪不能做；有的是产前一个月做，造成下一产孕前期伪狂犬病保护力不足。

伪狂犬病疫苗做不好主要会表现：新生仔猪的神经症状，产后3～5天仔猪的顽固性腹泻，断奶仔猪的神经症状，以及母猪的流产死胎。

在猪场检测出IgE阳性时，伪狂犬病基本不可以根除，但是完全可以通过增加免疫频率来阻止伪狂犬病的表现。正常母猪一年免疫3次为最佳，发病母猪个体第一年免疫4次，基本就可以得到很好的控制。

◆ **伪狂犬病的最佳免疫方案**

（1）母猪普免：一年3次，孕畜可做，每次2头份。

（2）仔猪滴鼻：出生当天滴鼻1头份，使用滴鼻喷头雾化，防止液体外流，每个鼻孔0.5头份。

注意事项

①滴鼻0.5头份，注射0.5头份的方案不佳。②直接颈部注射免疫没有滴鼻效果好，滴鼻可以更好地阻止野毒的干扰。③伪狂犬病不稳定的母猪群体，仔猪断奶后一周需要再次免疫，选择肌肉注射。

伪狂犬病发病后，可以使用基因缺失疫苗紧急免疫治疗，根据仔猪大小，使用3～4头份伪狂犬病疫苗紧急免疫，配合转移因子或者免疫球蛋白，提高免疫效果。

 # 为什么灭活疫苗要免疫两次

疫苗的分类有多种，常见的有灭活疫苗、弱毒疫苗和亚单位疫苗。

弱毒疫苗不但产生的免疫力强，而且免疫持久，所以一般打一次就可以了，如猪瘟疫苗跟胎做，一胎打一次就可以（加倍做更好）；而以口蹄疫和细小病毒为代表的灭活疫苗，打一次效果却不好。因为灭活疫苗产生免疫力的时间长，但免疫力相对较弱，一般第一次免疫属于基础免疫，第二次免疫属于加强免疫。

注意事项

细小病毒疫苗对后备母猪最为关键，头产母猪不做小病毒疫苗，常导致产出大小不一的木乃伊胎。建议母猪配种前做两遍细小疫苗，每次间隔20～30天，非流行病地区，经产母猪可以选择不做，但是细小病毒发病地区显然只在后备期间做是不够的，需要二产母猪加强1～2次为最佳。个别猪场会出现三产母猪同样感染细小病毒的情况。

 # 为什么口蹄疫免疫完还得二免

前面讲到,灭活疫苗免疫完间隔3周时间需要二免加强。口蹄疫只做一次免疫效果不佳。

◆ **建议最佳免疫方案**

每年9月初免疫一次,每年10月初二次免疫,次年4月初三次免疫。以上操作,效果为最佳,也可以用其他免疫方案。

◆ **做OA双价多防的最好**

口蹄疫病毒有7个血清型、80多个亚型,目前我国主要流行O型、A型。口蹄疫疫苗不同型号之间没有保护作用,所以最好做OA双价疫苗。

◆ **怀孕母猪可以做苗吗**

怀孕母猪可以做口蹄疫疫苗,但是切记不能加大剂量注射,最好错开配种前20天和产前20天时间。

◆ **发病后不可以做苗**

发病后不建议做苗,灭活的口蹄疫疫苗在发病后做没有治疗功效,容易起到相反作用,导致病情严重。

发病后操作流程:

(1)饮水:板青颗粒+卡巴匹林钙+阿莫西林。

(2)消毒:圈舍悬挂用过氧乙酸,带猪消毒用过硫酸氢钾。

(3)传播形式:口蹄疫病毒最大的危害在于可以通过动物体呼出的气体传播,病毒可借助风力传播到50千米以外的地区,也可以通过水源、奶水传播等。

为什么细菌疫苗不用做

本着"病毒性疫苗选做,细菌性疫苗不做"的原则对猪群免疫更简单。

疫苗免疫的三大条件:该疾病无药可治,如猪瘟;该疾病伤害性大,如口蹄疫;该疾病死亡率高,如传染性胃肠炎。而细菌疾病一般都有药物治疗,以及通过环境管理可以改善,所以不建议做苗。对于一般养猪群体,猪群疫苗做的频率越高,猪的应激越大。

如猪丹毒和链球菌疾病,使用大剂量的青霉素;副猪嗜血杆菌,使用头孢打针配合林可霉素拌料;黄白痢疾病,使用庆大霉素就可以治疗。早发现早治疗就有效果。

细菌性疾病不用做苗还有一个非常重要的因素,就是亚型种类特别多,如黄白痢致病菌是大肠杆菌,种类除了K88,K99,987P等还有很多亚型。很多时候养殖从业者发现免疫后效果也不佳,链球菌以及副猪嗜血杆菌也是同样的道理。

解决方案

针对细菌性疾病,建议通过饲养管理的改善从而减少疾病发生。冬天做好保温,断奶减少应激,从而减少副猪嗜血杆菌的发病;夏天做好降温防暑的工作,从而减少猪丹毒的发病,平时做好卫生消毒,减少伤口的发生,从而减少链球菌疾病;产后7天补充硒,从而减少断奶后水肿病的发生;产后仔猪加强护理,必要时饲喂庆大霉素,从而减少黄白痢的发生。本着圈舍清洁—消毒卫生—药物补充的先后原则,一般就可以控制好细菌性疾病。

疫苗免疫失败的原因

导致疫苗免疫失败的因素有很多，具体如下：

◆ **疾病影响**

当猪群处于亚健康时，如有血虫病或者蓝耳病问题等，会间接影响猪群的疫苗免疫抑制。

◆ **免疫的剂量不对**

根据笔者亲自做过的猪瘟抗体检测实验，产后20～25天做猪瘟疫苗1头份，明显没有做2头份抗体保护水平高，同时有个别的养殖者会把10头份的疫苗分给11头猪做，这是错误的免疫方法。

◆ **免疫的频率不对**

灭活疫苗需要免疫两次，如果没有进行二免加强，会发现免疫效果不佳，所以在做疫苗时要仔细看好是灭活疫苗还是弱毒疫苗。

◆ **免疫的时间不对**

疫苗免疫时间是有不同要求的，所以要按照免疫标准进行免疫。如猪瘟疫苗在产后仔猪20天内做，会明显受母源抗体干扰；伪狂犬病疫苗产后当天做比3天做可以明显减少野毒的感染；细小病毒疫苗后备母猪配种后做效果不佳等。

◆ **免疫的部位不对**

疫苗免疫的不同部位是有主次之分的。部位不佳，相应的免疫效果也会受到影响，比如，母猪免疫的传染性胃肠炎疫苗，免疫部位首选后海穴。

◆ **疫苗储存不对**

在疫苗的有效期内，储存方法非常关键，弱毒疫苗需要在-15℃以下

保存,灭活疫苗需要在2~8℃保存。运输过程是保证疫苗稳定性的关键时期,所以要选择专业的运输车或者良好的打包泡沫箱。对于临近效期的疫苗,适当加大剂量使用,可以弥补部分含量损失,过期疫苗不建议使用。

◆ 佐剂和稀释液的影响

佐剂对灭活疫苗的影响是很大的,一定程度上,佐剂决定了疫苗的价位;稀释液对冻干疫苗的作用也很大,建议使用指定对应的稀释液,有的厂家的猪瘟疫苗稀释液可以稀释伪狂犬病疫苗,而多数的厂家不可以交替使用。所以要严格按照厂家指导正确使用。

 # 猪的最适温度

圈舍的温度无疑是养猪管理中最重要的环节,圈舍短期的肮脏不会导致猪只死亡,但是过低的温度可以导致仔猪死亡,过高的温度也可以导致母猪热应激死亡。育肥猪每低于最适温度(育肥的最适温度20~22℃)5℃时,采食量会提高250克,日增重会减少100克;每高于最适温度5℃,采食量会减少250克,日增重同样会减少100克。

不同阶段	不同最适温度/℃
新生仔猪	32 ~ 34
产后第二周	30
产后第三周	28

断奶仔猪	26
育肥仔猪	24
育肥中猪	22
怀孕母猪	18 ~ 22
哺乳母猪	22 ~ 24
公猪	18 ~ 22

断奶后不同体重猪最适温度的公式：26℃−体重×0.05。如40公斤猪的最适温度为26−40×0.05=24℃。

猪抽血的最佳位置

一般来说，对肥猪和母猪建议耳朵采血，而仔猪耳朵血管不明显，建议前腔静脉为最佳部位。不同大小和状态的猪，采血方法不同。体重超过30公斤的成年猪一般采用站立保定采血。体型小，体重小于30公斤的仔猪采用仰卧保定采血。

◆ 猪采血部位及方法

（1）母猪和育肥猪体重较大，采用站立保定。

①采血时用保定绳让猪站立。

②用金属保定并覆盖猪的上颌骨。收紧后，将猪的上颌骨向前拉起。

③固定后猪身体后退，以保持稳定的站立状态。

(2)猪仔体重在30公斤以下,体型较小,采用仰卧保定。

①一个人抓住猪仔的两个前腿,尽量向后拉。

②另一个人用手向下压下颌骨。

◆ 猪采血流程及注意事项

一般在猪耳朵和喉咙的前腔静脉处采血。

(1)猪耳采血法:

①猪保定后,对猪耳进行消毒。

②将猪耳抬平后,按压猪耳根的静脉,使静脉充血。

③用注射器与猪耳呈10°~15°,沿血管进针。

④采血后,用酒精棉球按压止血、消毒。

(2)前腔静脉采血:

①保定猪只,抬起猪头,露出猪的脖子。

②消毒需要进针采血的部位。

③使用注射器时,针管倾斜30° 左右进入凹陷处,回拉注射器,使血液外流。

④采血后用棉球擦拭消毒。

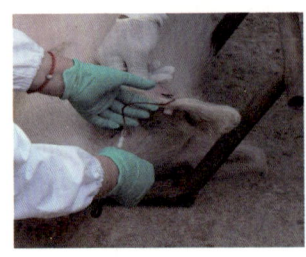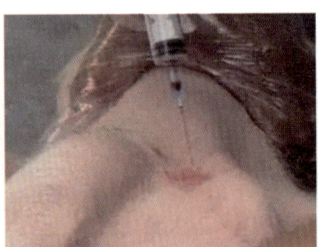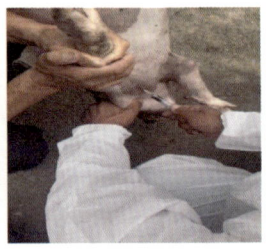

注意事项

根据猪的大小选择针的大小。大猪使用的针太细,抽血速度会过慢;如果小猪使用的针太粗,会导致出血多,所以针头要与猪的大小相匹配。

猪瘟免疫容易出错

猪瘟疫苗是养猪行业中使用最为广泛的一种疫苗。养殖生产中，猪瘟疫苗的使用却很容易出错，包括做苗时是否应该加倍、仔猪的免疫时间能否调整等。

注射猪瘟疫苗相比一般疫苗过敏率要高，猪注射疫苗的过敏反应率一般为2%左右，但不同种类和批次的疫苗、不同猪群或窝次，其发生率差别可能很大。同样的疫苗，不同窝的仔猪就有可能过敏；同一窝仔猪不同批次的疫苗，可能过敏率也不一样。如遇到过敏性反应属休克型，其致死率可达30%～70%。

猪瘟疫苗导致过敏或免疫失败的主要原因如下：

◆ 母源抗体IgE的存在

母猪妊娠前注射猪瘟疫苗，在体内会产生IgE，通过母乳进入仔猪体内。IgE是一种亲细胞性的过敏性抗体，它的存在可使机体处于致敏状态，处于致敏状态的动物如果再次接触致敏原时可使致敏的同种组织细胞产生变态反应，表现为过敏。所以建议母猪猪瘟疫苗免疫与仔猪跟胎加倍注射。猪瘟疫苗免疫需要在产后21天以后进行，过早免疫容易受到母源抗体干扰，影响免疫效果。

◆ 人为因素

一般建议猪瘟疫苗加倍做，或者按照厂家指导正常计量免疫，不建议额外再加大剂量。现在对猪瘟的免疫，经常出现大剂量的注射，越是剂量大，出现过敏的可能性越大；而且大剂量注射疫苗还会导致仔猪出现免疫麻痹的现象。

◆ **仔猪亚健康**

注射猪瘟疫苗时，健康的猪只才能产生抗体，如果猪群出现严重应激、亚健康、免疫抑制等，猪只自身不能很好地产生免疫应答，从而导致注射疫苗产生不了抗体或产生抗体数量太少，不能抵御感染。

◆ **疫苗质量问题**

猪瘟疫苗的质量问题在生产上几乎已经很少出现，但还有疫苗抗原含量不足的情况出现。主要是运输过程中保存不当，或者超过保质期，所以选择疫苗时运输与储存非常关键。同时，疫苗稀释后超过2小时内还没用完、疫苗稀释时稀释液和疫苗不同温、疫苗被暴晒等，都会影响免疫效果。

◆ **仔猪先天带毒**

注射疫苗的猪群本身易感染猪瘟病毒，容易出现亚临床感染，再注射疫苗后反倒发生猪瘟。养殖生产中经常发现，表面健康的仔猪做完疫苗反而出现了温和型猪瘟导致的腹泻问题。

猪的生长规律

猪的生长发育是有规律的，虽然各个阶段各种组织都会生长发育，但是不同阶段的组织生长规律有所不同。根据育肥猪的生理特点和发展规律，可以将育肥猪主要分为生长期和育肥期两个阶段。

生长期：正常情况下，生长期的峰值是育肥猪体重在40~50千克，此阶段猪的各组织器官的生长发育功能逐渐完善。这个阶段猪主要是骨骼和肌肉的生长,脂肪的增长比较缓慢,因此,应该提高猪自身的免疫力,多补充利于骨骼和肌肉生长的能量、蛋白质、钙、磷及维生素、微量元素。需要强调的是,这阶段动物蛋白比植物蛋白明显有优势。

育肥期: 正常情况下,体重达到60千克的猪进入育肥期。此阶段猪的各个器官、系统的功能都发育完善,尤其是消化系统有了很大的发展,对各种饲料的消化吸收能力都有很大改善,对外界的抵抗力也逐步提高。此阶段的猪脂肪组织生长旺盛,肌肉和骨骼生长较为缓慢,所以要调整饲料营养配方,提高胴体瘦肉率。这阶段也是猪生长速度最快的阶段。

具体生长规律特点如下:

◆ **体重增长规律**

育肥猪体重增长,综合反映了体内各部位的增长情况。其体重增长速度的变化规律,是决定育肥猪适时出售的重要依据之一,同时也是检验育肥猪日粮营养水平的重要依据。一般平均日增重随着日龄逐渐上升,到一定体重(外三元一般100千克)达到增重高峰,外三元猪快速生长一般可持续到130~140千克,然后日增重开始下降。

笔者多次称不同阶段的猪只,发现80千克以后的猪并非生长速度开始减慢,相反,恰恰是真正进入快速生长阶段。此阶段猪的平均日增重一般在1.0~1.2千克,但此阶段的猪有日增重1.5千克的潜力。对于外三元育肥猪,在130千克以前生长速度都是猪只的最佳阶段。

◆ **体组织生长规律**

随着猪年龄的增长,骨骼最先发育也最早停止,肌肉处于中间,脂肪是最晚发育的组织。育肥猪的骨骼在出生后70~100日龄,体重40~50千克,达到生长高峰期,此时肌纤维开始增长。3~4月龄,体重50~60

千克,肌纤维进入发育期,骨骼和肌腱发育完成。4月龄以后进入脂肪生长期。猪体内组织的生长速度的不平衡和阶段性,揭示了猪生长的内在规律性。猪体各组织的生长规律可归纳为:小猪长骨、中猪长肉、大猪长膘。

根据猪组织的生长发育规律,130千克以后的猪生长速度开始变慢,料肉比越来越高。养殖者经常问什么时间适合出栏养大猪,什么时间适合出栏养小猪。建议:当今猪企大量出现,影响猪周期,且后非瘟时代,很难再出现十几元以上的暴利行情,随行就市,体重120~130千克顺势出栏最好。

此外,针对什么时间养大猪、什么时间养标猪,笔者认为主要参考三个方面:第一,仔猪特别贵时,如过去出现过的800元以上一头仔猪,可以选择性压栏;第二,育肥猪价明显超过成本线时(一般超过2元即可),可以考虑压栏;第三,猪价在真正盈利期,且中大猪明显高于标猪价格,超过1元时,可以考虑适当压栏(以上建议未考虑猪价走势)。

猪如何快速生长

影响猪生长的因素有很多,猪的品种是影响猪生长速度最关键的因素;猪圈的环境是影响猪生长速度的客观条件;猪的营养是影响猪生长速度的必要需求;猪的健康度是影响猪生长速度的最后保障。

◆ **品种选择**

品种不对,努力白费。猪生长速度的快慢,品种是最关键的。现在猪的品种大多数是外三元商品猪。外三元这类猪的特点是典型的瘦肉型,饲料报酬率高,料肉比低。传统的内三元猪,一般饲养需要近一年才能长大出栏,而且肥膘厚,生长周期长,长速慢,同样生长到120千克,相比外三元速度会慢近一个月。

◆ 圈舍环境

　　猪的圈舍环境好坏是客观存在的,清洁干净的圈舍环境有助于猪心情愉悦、健康生长。冬季圈舍的保温与氨气,夏季圈舍的防暑与降温,都直接影响猪的生长速度。最常见的现象是,冬季圈舍门口温度低,门口的猪往往比里面的长得慢;夏季圈舍温度高、通风差,门口的猪往往比里面的长得快。适当降低圈舍密度,同样有助于猪只生长。

◆ 营养因素

　　要想让猪快速生长,营养是必要需求。应该根据猪不同阶段的营养需求来制定营养配方。禁止使用抗生素以后,可以适当添加中草药生物饲料或者优质催肥添加剂来弥补。教槽料方面选择适口性更好的饲料;仔猪阶段可以饲喂更容易消化吸收的配合饲料;保育阶段适当地延长时间,有助于后期快速生长;育肥期间适当地加入植物油,有利于提高日增重。

◆ 提高健康度

　　没有好健康,饲喂变成糠。猪的健康度是猪群快速生长的最后保障。对于亚健康的猪群,即使饲喂再好的饲料,其转化率也是差的。保证猪群的健康尤其是肠道健康尤为重要。猪群的健康从某种意义上讲就是仔猪的健康。

 猪群的最适密度

猪的饲养密度是指每头猪所占有的猪舍面积。饲养密度的大小直接影响猪舍温度、湿度及空气的新鲜度，也影响猪的采食、饮水、排粪尿、活动、休息等行为。南北方温度差别较大，饲养密度也有所不同。

夏季饲养密度过大，猪体散热多，不利于防暑。冬季饲养密度过小，不利于提高猪舍温度。同时，饲养密度大时，还影响猪的均匀采食，猪休息时间缩短，以强欺弱的机会增多，使猪长得大小不齐，影响饲料报酬。那么，一个猪舍内养多少头猪好呢？

设计圈舍时，公猪均采用单圈饲养，圈舍的标准一般为3米×4米=12平方米。有条件的猪场，建议母猪也可以单圈饲养，这样适当地增加运动空间，会减少种猪的淘汰率。母猪采用单圈饲养时，一般8米^2/头即可；母猪也可以采用半限位栏饲养，平均2米^2/头；当然更多养殖场为节省圈舍空间，采用定位栏方式，母猪定位栏一般的规格为：长×宽×高=2.1米×0.65米×1.1米。

建设猪舍时，一般建议，育肥猪群体不可超过15头，仔猪群不可超过25头。当然也有猪场采用大圈饲养。

不同情况下的养殖密度大概如下：

（1）冬季1.3平方米猪舍养1头育肥猪，夏季1.5平方米猪舍养1头育肥猪。

（2）家庭养殖场，一般20平方米的猪舍，夏季养10～12头、冬季养12～14头生猪较为适合。

（3）对于整窝养殖，后期不进行分圈并圈的养殖场，简单方案就是：每1.5～2.0平方米饲养1头猪的密度较为合适。

(4) 猪舍通风、光照、温度控制良好，采用漏粪板的可以适当增加密度，如果是水泥地平养，粪便采用干清方式，40～60千克的猪，每头1.2平方米；60～120千克，每头1.5平方米。

(5) 生猪养殖密度不光要看猪的大小，还跟圈舍的通风及季节有直接关系。

具体到每个圈舍内，每头仔猪的密度如下(仅供参考)：

种类	体重／千克	每头猪占地面积／平方米	
		非漏粪地板	漏粪地板
断奶仔猪	8 ～ 12	0.5	0.4
	13 ～ 17	0.6	0.5
保育仔猪	18 ～ 40	1.0	0.8
育肥猪	40 ～ 60	1.2	1.0
	60 ～ 120	1.5	1.2
单圈母猪	150 ～ 200	8.0	7.0
单圈公猪	180 ～ 220	12.0	10.0

 # 如何给夏季肥猪降温

夏季养猪的首要工作就是降温防暑。一般圈舍的最适温度建议不

超过25℃,圈舍温度过高,会容易引发猪群的热应激,尤其是对母猪的伤害最大。那么,当夏季高温季节到来后,养殖场应该如何降温防暑呢?

◆ **风扇降温法**

风扇降温仍然是许多猪场经常采取的降温方式。其实风扇是不会将猪周围的温度降低的,风扇是通过增加圈舍内空气的流动性来改善猪的热应激。空气温度低于猪体温时,风可以将猪体温度带走,散热多了,猪自然凉快了。但如果气温接近猪体温,风扇的作用就减弱了。风扇降温是风吹到猪身上才有降温效果,而风吹不到或风很弱的区域则没有效果或效果不理想;使用风扇时必须注意风是否能吹到猪身上。

◆ **滴水法**

对于栏位固定的猪只,如定位栏和分娩舍的种猪,在猪只的颈部上方装一个水龙头或滴水装置,使得水滴刚好滴在猪的颈部,根据天气的凉热程度,通过调整滴水的速度来达到降温效果。

一般来说,滴水速度以 30～60滴/分为宜,不宜过快,防止圈舍湿度增加。原理就是将水滴到母猪头部蒸发,吸走母猪头部热量,从而减轻母猪热应激。但这种降温方法在35℃以上的高温天气下效果并不理想。

> **注意事项**
>
> 滴水法和风扇降温一起使用的时候,效果理想,因为风扇可以加速水的蒸发,带走热量,给猪只降温。

◆ **喷淋降温法**

喷淋降温指对猪只比较密集的猪舍如育肥舍、空怀舍等进行喷水降温。喷淋法也是夏季养殖场用来降温最明显的方法之一。根据天气的炎热程度,每天喷淋水2～3次,通过保持猪舍的湿度而达到降低舍内温度的目的。

◆ **水帘降温法**

规模场经常用水帘配合风机的办法来降低夏季圈舍的温度。水帘降温是在猪舍的一端安装 2~3 个抽风机,另一端安装水帘,整个屋顶装天花板,使用时关闭圈舍门窗,使猪舍密封,空气先经过水帘处冷水的冷却再进入猪舍,然后水流回储水池而不断循环使用,可降低舍内温度 5~8℃。

> **注意事项**
>
> 水帘在产房尽量少用,因为水帘降温会增加舍内湿度,对仔猪不利,容易导致仔猪拉稀。

◆ **圈舍隔热**

夏季可以在圈舍的上方或者四周做遮阳网,选用隔热性能比较好的材料,从而达到降温的目的。比如,采用遮阳网降温;在石棉瓦屋顶的猪舍上架设铝箔遮阳网,能有效防止太阳辐射进入猪舍,进而降低猪舍的温度。

◆ **冷风机降温法**

冷风机的制冷原理是水蒸发吸热的原理。当风机运行时,冷风机腔内产生负压,使机外空气流进多孔湿润的湿帘表面并进入腔内,湿帘上的水蒸发,带走大量热量,从而达到降温的效果。使用冷风机时可以不关闭门窗,降温效果明显,一般可以降低 5~10℃。

◆ **辅助降温**

夏季高温时,除对外界环境降温,还可以在饲料内加入3‰~5‰的小

苏打,饮水中加入维生素C和薄荷。同时,必要时也可以适当降低圈舍的猪群密度。

 常见的冬季养猪难题

冬季养猪和其他季节不一样,因为冬季温度比较低,冷应激和氨气会引发很多疾病。冬季圈舍阴冷潮湿,仔猪更容易腹泻,那么冬季养猪应该注意哪些问题?

◆ 降低氨气

冬季养猪,为了保障圈舍的温度,需要关闭门窗,这导致冬季许多圈舍会出现空气流动差、氨气浓度高的情况。氨气浓度高容易导致猪出现呼吸道疾病,影响猪只的正常生长,如果圈舍氨气浓度长期过高,猪容易出现红眼病的问题。所以,要减少圈舍氨气。

降低圈舍的氨气浓度,主要从以下几方面入手:

(1)在圈舍安装排风换气系统。抽出去圈舍内的有害气体,进来外界新鲜的气体。散养户可以在冬季中午的高温时间,适当地开窗通风。

(2)可以在饲料内加入中草药生物饲料。中草药生物饲料会提高饲料的转化率,减少粪便的粪臭味。

(3)散养户可以增加粪便清理次数,养殖场每天清粪至少两次为最佳;有条件的猪场,还可以采用漏粉地板。

(4)冬季可以采用烟熏辅助消毒。养殖户对圈舍做烟熏消毒,可以很

有效地减少圈舍里面的氨气味,同时可以杀灭空气里面的细菌(烟熏对病毒杀灭效果差,所以烟熏消毒只能作为辅助方法)。

(5)圈舍内挂过氧乙酸可以减少圈舍的氨气味。过氧乙酸和醋酸是为数不多的可以挥发消毒的消毒剂,过氧乙酸呈酸性,氨气呈弱碱性。

(6)适当地降低圈舍的密度,也会减少圈舍内的氨气味。

◆ **不要喂冷食**

冬季给猪喂料,不建议喂湿料,如果一定要喂湿料,也千万不要用冷水拌料,最好用30℃以上的温水,这样对猪的肠胃有好处。同时,冬季为了更好地避免猪吃冷食引发冷应激的情况,可以在前一天晚上把饲料准备好之后,放到猪圈里回温一宿,第二天再进行饲喂,效果更好。事实表明,这样饲喂猪群,猪的梭菌胀气病可明显减少。

◆ **不要喂冷水**

冬季除了要避免猪吃凉料,还要避免猪喝凉水。可以采用"半水桶原则",即猪喝完半桶水就直接灌满,让水在圈舍内有一定的回温时间。这样做的前提是水桶容量足够用。

◆ **防圈舍低温**

冬季猪的生长速度相对其他季节是较慢的,育肥猪的最适温度是22℃,圈舍温度低于最适温度时,温度越低,猪的采食量越大,生长速度越慢。所以冬季猪舍的保温和通风是最主要的环节。冬季圈舍温度低,仔猪的抗寒能力差,非常容易引发腹泻、副猪嗜血杆菌,甚至圆环病等。要想提高圈舍内的温度,北方养殖场可以采用阳光猪舍养殖,还可以适当地提高圈舍的密度来达到升温的效果;有条件的可以安装地热装置。一般东北地区都采用保温墙或者扣塑料布的方式来保证冬季圈舍内的温度。

冬季养殖生产中,经常出现育肥猪出栏后圈舍温度明显下降,紧接着迎来可怕的传染性胃肠炎疾病,尤其是新生仔猪感染后死亡率可达

100%，所以冬季卖育肥猪后，一定要想办法保证圈舍内的温度。

注意事项

高温季节是细菌病常发期，如链球菌、葡萄球菌等；低温季节是病毒病常发期，如传染性胃肠炎、非洲猪瘟等。

◆ **防止圈舍潮湿**

与干冷比起来，湿冷对于动物机体的影响是更为明显的，阴冷潮湿的圈舍里，仔猪的腹泻率明显提升。所以一定要保证猪舍的干燥，粪便及时清除，避免猪舍有积液。有必要的话，还可以在猪舍过道内放置生石灰来吸潮。

注意事项

潮湿会促进夏季的圈舍更热，也会促进冬季的圈舍更冷。控制圈舍湿度在50%～70%为最佳状态。

◆ **防寒风贼风**

"不怕狂风一片，就怕贼风一线"，冬季圈舍要防止进入贼风，贼风很容易造成猪只感冒和呼吸道症状。冬季猪舍既要保温，也要定期通风，确保猪舍内的空气质量，但要注意避免寒风和贼风侵入猪舍，从而导致猪患上感冒等疾病。

猪只打疫苗后为什么会过敏

猪场进行疫苗免疫时，常会有猪只突然倒地、口吐白沫、呼吸急促、全身发红，甚至引起死亡，这就是猪的免疫应激反应。

养殖生产中，猪只在做猪瘟疫苗和口蹄疫疫苗时更容易出现过敏反应。出现过敏的情况与猪的状态、疫苗的质量、免疫的方法等都有直接关系。亚健康的猪对疫苗的过敏率要明显高于健康猪。潜伏期感染的猪，在接种疫苗后可能会引起发病。

◆ 发生过敏的原因

1. 人为因素

注射疫苗时，很多过敏症状是人为操作导致的。比如，做疫苗时总是人为地加大免疫剂量；做疫苗时没有做好疫苗和佐剂的回温工作；习惯性地将冻干苗与佐剂不匹配使用等，都提高了猪群免疫的过敏概率。

2. 疫苗中存在着异种动物异源蛋白

猪注射疫苗后出现过敏反应的直接原因是疫苗中存在异种动物异原蛋白。疫苗中的毒株是在特定细胞内繁殖后采集而得的，由于条件限制未能将毒株和细胞培养物碎片、残片彻底分离，使得细胞培养物碎片、残片中的蛋白质、细胞体有可能成为异源性蛋白质，随疫苗注射入猪体后，发生抗原抗体的标志性反应，导致猪发生过敏反应。

3. 疫苗佐剂

佐剂的使用也很关键。在免疫疫苗时，需要选择相对应的疫苗佐剂。

疫苗佐剂中矿物油和其他成分等有利于疫苗的缓慢吸收，但是疫苗佐剂也可以诱导猪发生过敏反应。作为肌体异物，矿物油等有可能导致

组织水肿和肿胀，使猪群出现迟发型过敏。

4. 猪自身问题

正常情况下，过敏反应的发生概率会随着体重的增加而降低。猪的健康程度、个体差异、饲养条件不同，免疫后的过敏率也不同。所以，猪群免疫时，要保证在健康的体质下进行。

◆ **免疫变态反应**

母猪怀孕期间免疫灭活疫苗，疫苗中的病毒通过胎盘后进入胎儿体内，成为致敏源，仔猪出生后免疫再次遇到该种成分，进而引发免疫变态反应。

治疗方法

方案一：注射盐酸肾上腺素注射液0.2～1.0毫升/头。

方案二：注射地塞米松磷酸钠注射液5～30毫升/头。

对体温明显升高的猪，进行头孢+安乃近注射液治疗。

对于精神不易好转的猪，注射布他磷注射液5～20毫升。

对于休克仔猪，让仔猪后背朝地、腹部朝上，夹在两腿中间，一只手连续按压仔猪的胸腔10～15次，使仔猪快速恢复。

◆ **免疫疫苗的注意事项**

(1)养殖生产中，杜洛克血统猪更容易过敏，往往品种越纯，过敏表现越严重。

(2)接种灭活疫苗、细菌类疫苗比病毒类疫苗更易发生过敏反应。

(3)两种应激较强的疫苗不建议同时做，否则更容易出现过敏反应。如口蹄疫疫苗不建议和猪瘟疫苗同时做。

(4)注射疫苗时，要提前准备肾上腺素注射液，防止仔猪出现过敏反应。

(5)过期疫苗、久放的开封疫苗、二次回温疫苗不建议使用。

(6)猪在接种时，发生疫苗过敏的概率一般会达到1%～2%。

肾上腺素与地塞米松的正确使用

肾上腺素与地塞米松在养殖生产中的作用有很多,肾上腺素可治疗低温症,地塞米松可治疗荨麻疹。但是两者同时讨论时,更多的是在猪群的过敏应激反应中的应用。

急性的过敏应激主要表现为全身性低血压和肺水肿引起的呼吸困难、缺氧、发绀,以及虚脱休克。可在注射疫苗2分钟内发病(打生血素也易出现),表现为严重的全身性休克,甚至在5~10分钟内死亡。所以猪只出现应激过敏时,要及时对发病猪只进行治疗。

治疗方案一

0.1%肾上腺素注射液(规格:1毫升),新生仔猪注射0.2毫升/头,断奶仔猪注射0.5毫升/头,25千克以上猪只注射1毫升/头。

注意事项

①母猪一次性最多不建议超过2毫升/头;② 必要时,间隔半小时后可二次注射。

治疗方案二

地塞米松磷酸钠注射液(规格:5毫克),新生仔猪:2~5毫克/头,断奶仔猪:5~10毫克/头,25千克以上猪只注射30毫克/头。

注意事项

(1)不是危急病例不用地塞米松,原因是地塞米松会破坏解除

疫苗免疫。

(2)严格掌握剂量,不要随意加大用量,若剂量过大,可引起心律失常,表现心跳过速,严重的可能造成心肌局部缺血、坏死。

(3)0.1%盐酸肾上腺素注射液,一般是每支1毫升(内含1毫克),为了使注射剂量更准确,可以用5%的葡萄糖或0.9%的氯化钠注射液做适当稀释(注射用量不足1毫升,可做1.5倍稀释)。

消毒药如何选择

消毒不是万能的,但不消毒是万万不行的。生活中涉及的消毒药品有很多,根据成分进行分类,包含含氯消毒剂、过氧化消毒剂、碘类消毒剂、醇类消毒剂等;常用的消毒药主要有生石灰、火碱、过硫酸氢钾、过氧乙酸和碘伏。接下来与大家详细解读。

◆ 根据成分分类

碱类消毒剂:常见的有生石灰、火碱;

含氯消毒剂:常见的有漂白粉、次氯酸钠等;

醛类消毒剂:常见的有甲醛、乙醛、戊二醛;

碘类消毒剂:常见的有碘伏、碘酊、聚维酮碘;

酚类消毒剂:常见的有苯酚、复合酚;

过氧化消毒剂:常见的有过氧乙酸、臭氧、过硫酸氢钾;

醇类消毒剂:常见的有乙醇;

其他消毒剂:季铵盐类。

◆ 常用的十大消毒剂

1. 生石灰

生石灰本身不具有消毒功效。需将其兑水腐化生成氢氧化钙,也就是我们常说的熟石灰才具有消毒效果。可将其配制成10%~20%石灰乳,涂刷猪舍墙壁、栏杆、地面、粪池及污水周围等处,起到消毒的作用。严禁带猪消毒,可用在圈舍过道消毒,有干燥圈舍的效果。

2. 过氧乙酸

过氧乙酸是一种强氧化剂,对病毒、细菌等有杀灭作用,预防口蹄疫可以在圈舍内悬挂过氧乙酸。在0℃以下的低温,同样能杀灭病菌。用时可配制0.5%溶液喷洒猪舍地面、食槽、水槽等消毒,也可用于带猪消毒,喷在猪身上,不会引起腐蚀和中毒,但是需现用现配,配制后应尽快用完,不能过夜。

3. 火碱

火碱又称氢氧化钠、烧碱等,火碱对病毒和细菌具有较强的杀灭能力。2%的火碱溶液可以用于猪舍地面、食槽、水槽等消毒,并且用于传染病污染的场地、环境的消毒,但严禁带猪消毒,以防止腐蚀烧坏猪的皮肤。

4. 福尔马林

福尔马林就是35%~40%的甲醛溶液,我们在消毒上通常习惯性地称之为福尔马林,而不叫甲醛。其具有极强的还原性,可使蛋白质变性,具有较强的杀菌作用。严禁带猪消毒。

日常用2%~4%的甲醛水溶液喷洒墙壁、地面、护理用具、饲槽等消毒,40%的水溶液亦常用作猪舍的熏蒸消毒。由于甲醛毒性大,对人体伤害明显,熏蒸后人员须快速撤离。

5. 漂白粉

漂白粉也称含氯石灰,其是一种白色粉末,带有剧烈氯气味,有较强

的杀菌作用和除臭能力。10%～20%的漂白粉溶液可用于猪舍、运输猪的车、粪便、土壤、污水等的消毒，1%～3%的澄清液可用于食槽、水槽、用具等的消毒。

6. 高锰酸钾

高锰酸钾是一种强氧化剂，对细菌、病毒具有杀灭作用。0.1%溶液可用于猪乳房、化脓疮、溃烂疮处冲洗消毒等。

7. 来苏尔水

来苏尔水又称煤酚皂溶液，虽然腐蚀性小，但是仍不建议带猪消毒使用，因为对猪群的消毒效果相对差。3%的水溶液可用于手臂皮肤的消毒。

8. 酒精

常用75%的酒精消毒猪体表面皮肤、人员身体以及车辆内饰。在治疗和预防的注射工作中，常使用酒精棉签消毒。

9. 聚维酮碘

聚维酮碘为广谱的强力杀菌消毒剂，对病毒、细菌及真菌都有较强的杀灭作用。1%的溶液可用于进出猪舍洗手消毒，也可用于人及猪只伤口的消毒。

10. 过硫酸氢钾

过硫酸氢钾复合粉是酸性的消毒剂，对绝大多数病毒、细菌均有杀灭作用。其可用于浸泡消毒，喷雾消毒，水线管道消毒和饮水消毒。正常情况下1∶200稀释使用，即1千克加水200升使用为最佳。饮水消毒时，采用1∶1000的稀释方案。对于预防口蹄疫和非洲猪瘟都是首选的消毒剂。过硫酸氢钾不易产生耐药性，对猪群黏膜皮肤损伤极小，且消毒效果好，所以常用作带猪消毒和猪车消毒。

北方养猪场,冬季对场外消毒时,常规消毒剂喷洒后会瞬间成冰(或者对疫病猪舍消毒),针对这种情况可以使用火焰消毒。

消毒剂简单推荐:

(1)带猪消毒:过硫酸氢钾、过氧乙酸交替使用;

(2)人员消毒:75%的酒精;

(3)乳房消毒:0.1%的高锰酸钾;

(4)消毒池消毒:2%~3%的火碱;

(5)潮湿过道干燥方案:10%~20%的生石灰(由于生石灰溶水反应会散发出热量,所以不建议夏季使用);

(6)手术消毒:碘伏。

常用消毒剂的配制方法

很多养殖从业者购买回消毒剂后,在配制使用时存在不会操作的现象。消毒药配比过大,对猪群皮肤黏膜会有损伤;配比过小,会影响消毒效果。常用消毒剂的配制方法如下:

(1)配制75%的酒精溶液,使用量器取出浓度为95%的医用酒精789.5毫升,并添加纯净水到1000毫升进行搅拌稀释,配制完成后就密封起来保存。

(2) 配制5%的氢氧化钠，取出50克氢氧化钠，将其放入量器中，添加一定的常温水，搅拌稀释，接着再添加一定的水使容量升到1000毫升，配制完成后就可以直接密封保存起来。

(3) 配制0.1%的高锰酸钾，取出1克高锰酸钾，将其放在量器中，添加水到1000毫升，将其进行混合均匀即可。

(4) 配制3%的来苏尔，把30毫升来苏尔放在容器里面，添加水1000毫升，接着进行混合。

(5) 配制2%的碘酊，取出15克碘化钾，将其装到量器里面，添加20毫升的蒸馏水，接着进行混合搅拌，同时再添加20克的碘片和500毫升的乙醇，将两者进行充分的搅拌，至均匀，最后添加蒸馏水至1000毫升，接着搅拌均匀即可。

(6) 配制碘甘油，取出10克碘化钾，添加10毫升左右的蒸馏水进行溶化处理，接着添加碘10克，搅拌，再添加甘油使其到1000毫升，搅拌均匀。

(7) 配制20%的石灰乳，取出1千克生石灰加入5升水，做成石灰乳，配制的时候最好使用陶瓷容器或者木桶，添加适量的水渗入生石灰中，接着进行搅拌均匀。

(8) 配制0.5%的过硫酸氢钾消毒药。取1千克过硫酸氢钾粉放于容器中，加入200升水后，混合均匀。

(9) 配制0.5%的过氧乙酸消毒药。一般过氧乙酸的浓度为16%～20%，以"浓溶液量=稀溶液的浓度×稀溶液量/浓溶液浓度"的标准配制。如：配置0.5%的溶液1000毫升，应取20%的过氧乙酸溶液25毫升，加水至1000毫升。

 猪场消毒的误区

　　很多养殖户忽视猪场消毒的细节,这给猪场管理带来很大的安全隐患,尤其是出售育肥猪和淘汰猪时消毒不严格,常导致猪群疾病发生。养殖场更要避开消毒的错误方案,才能提高消毒效果。消毒是猪场安全的最后一道保障,所以正确消毒尤为关键。

◆ **误区一:消毒前不做彻底清洁**

　　猪舍没有进行有效清洗打扫就直接消毒,相当于把消毒药作用在粪污之上,将会大大减弱消毒的效果,某种程度上讲,清洗干净比消毒更重要。在空舍进猪之前,必须要彻底清洗圈舍,待干燥后,再进行彻底消毒。

◆ **误区二:门口消毒池不换水**

　　很多猪场在门口设置了消毒池,主要是对过往车辆进行消毒,常用的消毒药一般为2%的火碱溶液。但是一些猪场不正确更换池内的消毒药,导致很多消毒池形同虚设。其中的根本原因是,很多猪场都认为火碱消毒剂更换一次可以用7～10天。但实际是,一般3小时后就失去了消毒的功效。所以建议,每次猪场有外来车辆,都需要更换火碱溶液。

◆ **误区三:消毒不考虑温度**

　　消毒的频率与温度的高低呈正相关。即当温度高时病原体繁殖快,要适当地增加消毒频率。如果冬天一周消毒一次,那么夏季一周至少消毒两次。另外,圈舍如果湿度大,要适当增加消毒剂的浓度。

◆ **误区四:石灰粉直接撒在地面上**

　　"生石灰不加水等于白给",直接将生石灰粉撒在场区内干燥的环境中,消毒效果非常有限。现在经常用石灰粉铺满猪场地面,长时间用它

来消毒,会导致石灰粉尘大量飞扬,加上其腐蚀性大,会提高猪群感染呼吸道疾病的概率。

对于潮湿的环境,直接撒上生石灰就有消毒效果,可用于空圈舍地面粪尿、圈外粪污堆积处的消毒,用于冬季猪圈潮湿走廊过道的消毒和干燥。对大门口消毒要采用生石灰加水,制成10%的石灰乳,才有消毒功效。

◆ **误区五:贵的消毒剂效果好**

不一定贵的消毒剂就一定好。消毒剂的好坏取决于是否用到正确的地方,如伤口消毒时碘伏能用,火碱不能用;饮水消毒时过硫酸氢钾能用,戊二醛不能用,等等。严格意义上讲,消毒剂按正常比例配制都是有消毒效果的。

◆ **误区六:消毒药的浓度越高越好**

严格意义上讲,消毒药的浓度越高消毒的强度越大,但不代表消毒药的浓度越高越好。尤其是带猪消毒时,如果消毒药浓度过大,很容易对猪群皮肤和鼻腔黏膜造成损伤,导致保护屏障受损,这样的猪群自身抗病力会下降。而且高浓度的消毒药对环境也有一定的破坏。饮水消毒时,随意加大剂量,会破坏肠道菌群,引发猪群腹泻或者其他肠道疾病。

◆ **误区七:使用单一消毒剂**

不建议猪场长期使用一种消毒剂,要2~3种消毒剂交替使用。因长时间使用一种消毒剂,病原微生物会产生耐药性,导致消毒效果大打折扣。

◆ **误区八:消毒的其他误区**

消毒要保障地面的湿润度3~5分钟为最佳,人走地干的消毒方式没有效果;消毒效果与水的温度有关,一定范围内,水温越高,消毒效果越好(不超过40℃)。实验表明,温度过低会影响消毒效果。建议冬季圈舍消毒时选择30~40℃的温水为最佳。

 甲醛和高锰酸钾熏蒸组合

　　熏蒸消毒指的是利用福尔马林与高锰酸钾的反应,产生甲醛气体。其最大的优点就是,甲醛气体可以均匀地分布在圈舍的每个角落,充分发挥熏蒸消毒的作用。

　　对于空圈舍或者非洲猪瘟清圈过后的圈舍,准备进猪前可以采用熏蒸消毒的方案。甲醛与高锰酸钾消毒的配比为2∶1,即甲醛(40%)20毫升/米^3、高锰酸钾10克/米^3。可以适当增加剂量,满足两者用量比例为2∶1即可,也可以用甲醛30毫升/米^3、高锰酸钾15克/米^3。

注意事项

　　(1)盛药容器要大、耐热、耐腐蚀。一般用陶瓷或玻璃容器,因为高锰酸钾和甲醛都具有腐蚀性,且混合后反应剧烈,释放热量。

　　(2)房间要密闭,防止甲醛气体溢出。甲醛在圈舍中浓度越高越好,所以在熏蒸前要检查圈舍的密闭性。

　　(3)容器应放在圈舍中心位置,以达到最大的消毒范围,甲醛有毒性,操作时要保持全程佩戴口罩,操作完成后,应该快速撤离圈舍。

　　(4)先将温水倒入容器内,后加入高锰酸钾,搅拌均匀;再加入甲醛。注意顺序,是将甲醛倒入高锰酸钾溶液内。

　　(5)熏蒸消毒时间一般为12~24小时,人员在开始消毒2天后再进入。消毒后要打开门窗通风换气。

 # 烟熏消毒效果如何

烟熏消毒是一种传统的消毒方法，主要成分有艾叶、苍术等。它是利用烟熏中的物质杀灭空气中的病菌，净化空气。养殖生产中，冬季圈舍潮湿，为不提高圈舍湿度，常采用烟熏消毒。

◆ **烟熏消毒的原理**

烟熏消毒的原理是利用烟熏中的化学物质，如甲醛、酚类等，杀灭空气中的病菌和病毒。这些化学物质对细菌具有较强的杀灭作用，可以有效地消灭许多病原体。

◆ **烟熏消毒的优点**

烟熏消毒的优点是简单易行，成本低廉，可以在一定程度上杀灭空气中的病菌和病毒。尤其是对空气中的细菌作用明显，可净化圈舍内的空气。一般对人体无害，不限制人员在圈舍内的活动。同时，适当地燃烧艾叶等中草药消毒，对猪群有保健功效。

◆ **烟熏消毒的缺点**

烟熏消毒的缺点是对某些病毒的杀灭作用不明显，如预防非洲猪瘟病毒，采用烟熏消毒几乎没有效果。同时，烟熏消毒效果不稳定，消毒范围有限，烟熏消毒只能杀灭空气中的细菌和部分病毒。

◆ **烟熏剂的使用剂量**

频次：一般一周使用1~2次即可。

用量：每立方米使用0.5~1.0克烟熏剂。如1000立方米使用500~1000克烟熏剂。

方式：一个圈舍一般放置3~5个点燃处。

①烟熏消毒的效果不稳定,不能完全替代其他消毒方法,主要是净化空气的作用。②烟熏消毒一般用作辅助消毒使用。③烟熏消毒时,要保证圈舍处于密闭状态。

弱毒疫苗和灭活疫苗哪个好

灭活疫苗和弱毒疫苗虽然都可以刺激动物机体的免疫应答,但它们还是有本质的区别的,无论是安全性还是免疫效果都有所不同。根据"灭活疫苗需要多次注射才能形成很好的免疫效果,而弱毒疫苗一般免疫一次就可以达到不错的效果"的原理,一般建议猪场还是使用弱毒疫苗。

◆ 两者的区别

灭活疫苗又称死苗,是将免疫原性良好的细菌、病毒进行人工培养,用物理和化学方法将其灭活后,使其失去感染性和毒性,但保留抗原性,无致病性,并结合相应佐剂,接种后产生主动免疫,起到预防疾病的作用。

灭活疫苗因没有扩增过程,通常不会诱导细胞免疫,仅引起体液免疫应答。为增强免疫效果,通常需要较大的抗原量,或通过多次接种来增强免疫,免疫效果维持时间也比较短。

弱毒疫苗也称活疫苗,活疫苗是指用通过人工诱变获得的弱毒株,

或者是自然减弱的天然弱毒株,仍保持良好的免疫原性,或者是异源弱毒株所制成的疫苗。活疫苗在养殖生产中使用较多,免疫效果要好于灭活疫苗。

◆ 灭活疫苗的优点

(1)疫苗稳定,安全性好。

(2)油乳剂灭活疫苗免疫维持期较长。

(3)贮藏及运输要求不高,建议2~8℃的阴暗、避光环境。

(4)使用方便,无须稀释,直接使用。

(5)制苗毒株易获取,便于制备多联苗及多价苗。

◆ 灭活苗的缺点

免疫途径必须注射,产生免疫保护力时间较长,一般需14天左右才产生抗体。疫苗接种后不能在动物体内繁殖,因此使用时接种剂量较大,一般接种一次效果不理想,接种2~3次才能产生很好的抗体,而且免疫期较短,并需要加入适当的佐剂以增强免疫效果。

◆ 活疫苗的优点

(1)免疫效果好。接种活疫苗后,活疫苗在一定时间内,在动物机体内有一定的生长繁殖能力,机体犹如发生一次轻微的感染,所以活疫苗用量较少就可以达到很好的免疫效果。

(2)产生抗体时间短而且较持久,一般接种后3~7天可产生一定免疫力,并可促进机体细胞免疫反应。免疫一次的保护期一般为4~6个月。

(3)部分弱毒疫苗有紧急治疗的功效,如断奶仔猪感染猪瘟病毒后,可注射4倍量的猪瘟疫苗;新生仔猪出现伪狂犬病的腹泻或者神经症状后,可注射3头份的伪狂犬病疫苗。

◆ 活疫苗的缺点

(1)有些疫苗毒株不稳定,存在返祖、返强的可能,过去的蓝耳疫苗

（近几年没有相关报道）即是如此。

（2）毒力偏强的毒株可能引发一些接种反应。

（3）储存更严格，需在低温条件下贮存及运输（-15℃以下）。

（4）容易受到母源抗体干扰，如猪瘟弱毒疫苗20天内不建议接种就是这个原因。

（5）需要专用稀释液。

总结1：灭火疫苗相对安全，但是整体的免疫效果不如弱毒疫苗，有些种类的疫苗没有弱毒疫苗，就只能使用灭活疫苗。一般建议做两次，最常见的有口蹄疫疫苗、细小病毒疫苗、圆环疫苗等。

总结2：弱毒疫苗产生抗体快，同时保护期相对较长，所以当同时有灭活疫苗和弱毒疫苗时，建议使用弱毒疫苗，最常见的有蓝耳疫苗和传染性胃肠炎疫苗等。

备注：针对市场上某种疾病，免疫主流是灭活疫苗，如圆环疫苗，可以使用亚单位的疫苗效果更好；针对市场上某种疾病，免疫主流是弱毒疫苗，如猪瘟疫苗，不一定非要更换亚单位疫苗。

◆ **亚单位疫苗的优点**

相较弱毒疫苗，亚单位疫苗几乎不受母源抗体干扰，不存在免疫空白期；相较灭活疫苗，只需要免疫一次即可，不需要免疫2～3次。

 # 常用疫苗的说明书

◆ **常使用的猪的疫苗有以下10种**

(1)猪瘟疫苗(细胞原)。按照规定稀释后,母猪肌肉注射2～4头份,哺乳仔猪出生20天后第一次接种2头份为宜,55～60天进行第二次接种,注射后4天产生免疫力。免疫期为8个月左右。

(2)猪支原体肺炎活疫苗。最好采用猪肺内注射,由猪右侧肩胛后缘2厘米肋间隙进行注射接种,每头仔猪1头份。保护期为6个月。注意,免疫前后一周不使用抗支原体的抗菌药。

(3)猪丹毒灭活菌苗和猪丹毒弱毒疫苗。

①猪丹毒灭活菌苗。每头成年猪耳根皮下或者肌肉注射5毫升。10千克以下的或者断奶猪皮下或者肌肉注射3毫升,间隔45天后再注射3毫升。注射后14～21天产生免疫力,免疫保护期6个月。

②猪丹毒弱毒疫苗。用于皮下或肌肉1注射毫升。接种后7～10天产生免疫力。疫苗免疫期6个月。

(4)猪圆环病毒2型灭活疫苗。种猪免疫实行普免,一年3次,每次2毫升,首次接种后要在30天内进行二次免疫。仔猪14日龄免疫1毫升/头,间隔3周后进行二次加强免疫1毫升/头,一般接种后14天左右产生抗体,仔猪免疫不受母源抗体干扰。保护期为4个月。

(5)猪链球菌灭活疫苗。仔猪产后第四周接种2毫升,母猪普免接种3毫升,3周后进行二免加强。注射后14～21天产生免疫力。二次免疫后,保护期为6个月。

(6)猪繁殖障碍与呼吸综合征活疫苗。用于预防猪的蓝耳病,14日龄仔猪接种1头份，母猪群体接种2头份，接种后7~14天产生免疫力。蓝耳阴性场不建议接种免疫。发生蓝耳病后，可进行紧急接种预防。疫苗保护期为4个月。注意，初次使用该疫苗时，需要先进行小群试验。

(7)猪口蹄疫疫苗。耳根后肌内注射。体重10~25千克猪每头1毫升；25千克以上猪每头2毫升，注射疫苗后15日产生免疫力。免疫期6个月。

(8)猪伪狂犬病疫苗。种猪普免每次2头份，一年3次，仔猪一日龄滴鼻1头份，35日龄二免1头份。接种后6天产生免疫力，保护期为4~6个月。

(9)传染性胃肠炎与流行性腹泻二联活疫苗。后海穴注射(尾巴根与肛门中间凹陷部位)，首先稀释为1毫升，3日龄仔猪针头深度0.5厘米，断奶后仔猪针头深度为1厘米，成年猪针头深度4厘米。母猪产前40日和产前20日，分别接种1毫升，免疫后的母猪所产仔猪于断奶后7天接种1毫升(仔猪被动免疫持续期至断奶后7日龄)，未免疫母猪所产仔猪于产后3天接种1毫升，主动接种免疫后7天产生抗体。保护期为6个月。

(10)细小病毒灭活疫苗。配种前的任何时间均可免疫(一般在150日龄之后进行)，间隔3~4周进行二免加强，每次免疫2毫升，接种后14天可产生抗体。免疫期为6个月。

◆ **上述疫苗在使用过程中要注意以下10点**

(1)使用前要认真阅读瓶标签及使用说明书，严格按照规定稀释疫苗和使用疫苗。

(2)检查疫苗的外包装与瓶内容物，变质、过期、发霉的疫苗不得使用。

(3)注射病毒性疫苗的前后3天内不准使用干扰素。两种病毒性活疫苗一般不要同时使用，应间隔7~10天，以免产生相互干扰。

(4)病毒性活疫苗和灭活疫苗可同时使用，分别肌注，注射活菌苗前

后7天不能使用抗生素。两种细菌性疫苗可同时使用,分别肌注。

(5)抗生素对细菌性灭活疫苗一般没有影响,可以同时使用,分别肌注。

(6)正在潜伏期的猪接种弱毒疫苗,可能会激发疫情,甚至引起猪发病死亡。

(7)发高热、老弱病残猪禁止接种疫苗,可能直接加速或造成猪只死亡,不产生免疫应答。

(8)疫苗稀释后,要在规定时间内用完,不能过夜,否则废弃。气温15~25℃时,兑好的疫苗超过4小时失效。

(9)不要随意联合使用疫苗,更不要随意加大或者减少注射剂量,会导致免疫麻痹,使免疫细胞不产生免疫应答。

(10)疫苗接种一定要有科学合理的接种次数,不是注射越多越好。要做到针头消毒后使用,一头猪一个针头为最佳,仔猪一窝可以使用一个针头。

猪用药的方式有哪些

◆ 肌肉注射法

养殖生产中,最常用的用药方式就是肌肉注射。主要部位分别是耳后颈部肌肉和后大腿内部肌肉(仔猪生血素补充)。对于剂量大和需要快速起效的药,使用肌肉注射效果更好。这种药物注射方法操作比较简单,比静脉注射作用时间慢,但是比皮下注射发挥作用时间快。常见的猪瘟弱毒疫苗、口蹄疫灭活疫苗等,都是采用肌肉注射法。

◆ **皮下注射法**

皮下注射是指将药液注射到皮肤与肌肉之间的疏松组织中,注射部位一般选择在皮薄而容易移动的耳后和大腿内侧。常见的如伊维菌素驱虫药,该药刺激性大,采用肌肉注射肌肉会疼痛,所以采用皮下注射。

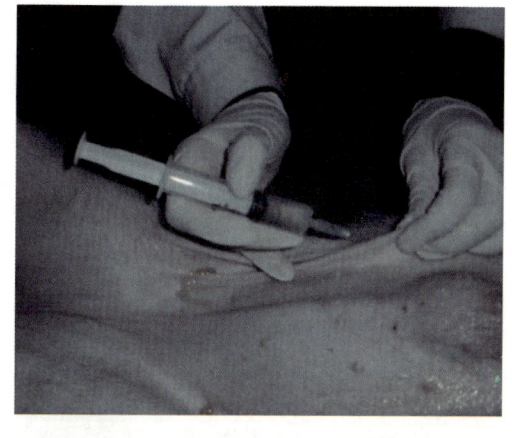

◆ **滴鼻接种法**

滴鼻接种可以不受母源抗体的干扰,封锁感染通道。猪伪狂犬病基因缺失疫苗的接种会用到滴鼻接种法。同时,猪出现鼻炎症状时,局部也可以采用滴鼻方式治疗。

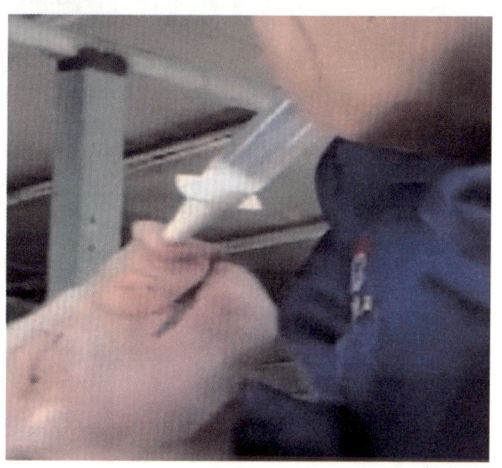

◆ **口服给药法**

口服给药是指药物经过胃肠道吸收后作用于全身或停留在胃肠道发挥局部作用。口服给药的优点是操作比较简单,适合于大多数疾病,特别是治疗肠道疾病时常用口服给药方案,治疗呼吸道疾病时常用拌料口服给药。

口服给药的缺点是,用药量大,成本高,长期使用容易引发肠道内菌群失衡。

◆ 肺内注射法

这种方法比较少见，但在预防猪气喘病的疫苗接种时可能会用到。左手手掌托起仔猪，保证仔猪的稳定，在右侧胸腔腋窝向后，猪体中轴线2～3肋骨中间，垂直于皮肤表面进针，用专业针头全部刺入。

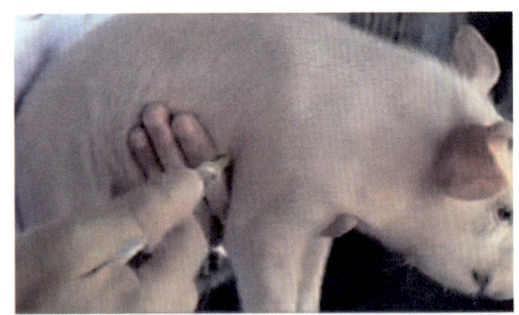

◆ 穴位注射法

穴位对症注射药物，能刺激动物的神经系统，促进血液循环、调节体液，而到达病变部位，发挥针刺的神经刺激及药物治疗的双重作用；而且通过神经传导见效快，对治疗生猪胃肠道及泌尿生殖系统疾病有很好的效果。猪胃肠炎疫苗就是采用在后海穴注射。

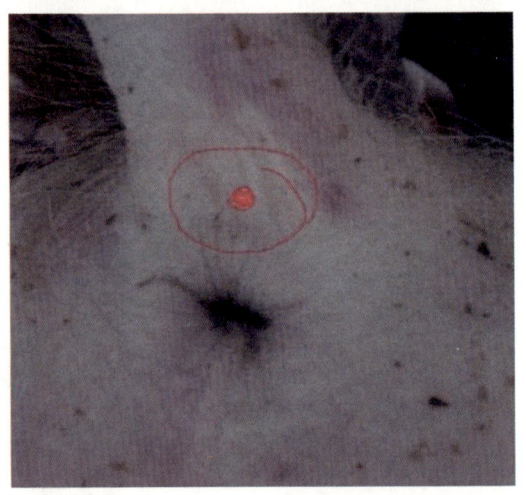

◆ 静脉注射法

静脉注射是指直接将药物注射进猪的血管里，使药液快速产生效果的一种治疗方式。静脉注射起效最快，生物利用度也最高，一般用于抢救患有脑炎和低温症的病危猪。产后母猪采用静脉注射

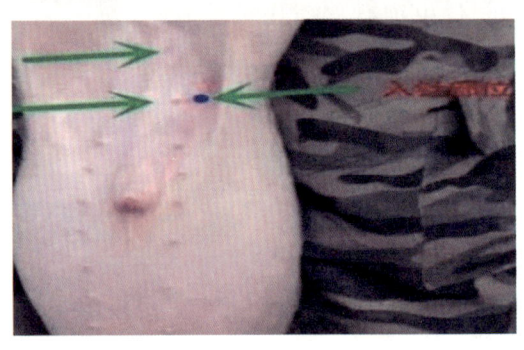

的消炎方式为最佳方案。但是，静脉注射一般不好操作，工作量大。

◆ 腹腔用药法

腹膜以内用药，其吸收速度较快（2小时左右）。当猪只较小而难以寻找耳静脉，或天冷皮肤血管收缩，或猪处于贫血消瘦状态下血管不明显时，通过腹腔注射补液可以防止脱水死亡。因下痢脱水有生命危险的仔猪，腹腔注射是常见的给药方式，凡是静脉注射的病例都可以用腹腔注射的方法来解决。缺点就是不是任何药物都适用，有些会影响药物的作用时间，影响吸收。

遇到传染性胃肠炎时，仔猪腹腔补液：5%的葡萄糖注射液100毫升、0.9%的生理盐水150毫升、5%的碳酸氢钠注射液30毫升、庆大霉素40万单位、阿托品0.5毫克、地塞米松5毫克。

◆ 皮肤用药法

猪出现皮肤炎症时，对皮肤直接用药效果才更好。如仔猪油皮病、猪坏死杆菌、夏季蚊虫叮咬等。包括阳光直射后的皮炎病也是通过皮肤涂抹青霉素+地塞米松+豆油效果更好。

湿料与干料喂猪的好与坏

养殖生产中，大多数猪场为了方便均采用干料饲喂方式。但是湿拌料确实有一定的优势，如夏季母猪因热应激采食量差，湿拌料就要比干料更有优势。一般料水比例1:1为最佳，不超过1:2。下面多角度分享湿

料与干料的不同特点:

1. 适口性

湿料适口性要优于干料,猪采食湿料时采食速度更快、采食量更多。特别是夏季天气炎热时猪更加喜欢湿料,不过冬季天气寒冷时凉水拌料的适口性不如干料,需要采用温水拌料。

但是湿料由于适口性好,猪容易出现抢食,造成吃料不均匀或饲料撒出浪费等问题。在喂湿料的情况下,应合理设计食槽,预留宽一些的槽位以减少争抢。

2. 工作量

湿料由于需要加水搅拌且不易添食,工作量要远远大于饲喂干料。一般规模化养猪场或大密度饲养多采用干料饲喂,工作量少,猪群不争不抢。

现在有一种猪液态饲料饲喂系统,适合规模化养猪场采用。不过由于成本较高,一般在中小养猪场难以推行。

3. 料肉比

一般情况下,采用干料饲喂,料肉比稍微低一些。主要由于猪最大生长速度对营养需求量是一定的,饲喂湿料猪采食量大,易超出营养需求,便会对饲料造成一定的浪费。不过饲喂湿料,猪可长期保持最大生长速度,同窝同重量的情况下采用湿料可比干料提前10~20天出栏。

另外,湿料水分要适宜,水分过大会使猪采食的水多料少,可造成生长速度减慢、拉稀等问题。湿料加水量以手抓成团,指缝稍有水珠渗出,松开即可散开为宜。

4. 保质期

干料存放时间明显高于湿料。一般情况下湿料只能现喂现拌,不宜长时间存放。特别是夏季,猪采食后一定要对食槽内剩料进行清理和清洗,避免发生变质。猪采食变质料后,有可能造成拉稀。所以,一般只给母猪饲喂湿料。

5. 粉尘危害

干料粉尘较多,猪群容易出现呼吸道疾病。如果粉料过细导致粉尘过多,就容易引发呼吸道疾病,这种情况将干料换为湿料后,猪群呼吸道疾病会明显减少。

◆ **总结**

对于养猪小户或有条件上液态饲料饲喂系统的养猪场,采用湿料饲喂较为适宜。对于规模较大且无条件上液态饲料饲喂系统的养猪场,采用干料饲喂较为适宜。

# 阳光猪舍的优缺点

阳光猪舍作为一个新兴的健康养殖模式,就是充分利用了阳光对猪健康生长的重要作用。阳光猪舍可以做到冬暖夏凉,尤其在东北地区建设阳光猪舍的养殖场,冬天圈舍内的温度应做到合理。

◆ **阳光猪舍的优点**

(1)建设成本相对较低。阳光猪舍的棚顶采用的是塑料布搭配卷帘的设计,成本相对彩钢瓦要低。

(2)猪舍建设简单。建设阳光猪舍的周期短,无论是单排的还是双排的阳光猪舍都有成熟的技术。

(3)阳光相对充足。阳光猪舍的采光相对充足,阳光中的紫外线有消

毒的功效,阳光猪舍可有效防止圈舍过于潮湿。最主要是冬季保温效果特别好,猪只生长速度快。

(4)提高母猪产能。阳光猪舍光照充足的特点会提高母猪的生产成绩,一般会表现为发情率更好。同时,充足的光照会降低肢蹄病发生的概率。

(5)事实表明,阳光猪舍内猪的抗病力相对较好,猪群的健康度相对较高。

◆ **阳光猪舍的缺点**

(1)维护成本相对较高,塑料布和卷帘的使用寿命远低于彩钢瓦。

(2)由于阳光猪舍采光充足,夏季要做好遮阴。

(3)夏季南方非常热的地区不适合阳光猪舍。

◆ **总结**

阳光猪舍的主要原理是冬季利用阳光增温,夏季用棉被遮光防暑,有效地控制猪舍的温度,减少猪的代谢消耗,从而节省饲料,实现猪快速出栏。

阳光猪舍能够最大限度地利用阳光进行紫外线消毒,养殖场每周人为再消毒一次即可(正常情况下,每周消毒两次)。在杀死有害病菌的同时,能够很好地维持圈舍内的菌群平衡。

阳光猪舍采用科学方法来降低损耗、提高品质、增加效益,实现传统养殖向健康养殖、绿色养殖方向的发展。

 引种猪需要如何隔离

养殖生产中,引种猪是影响猪场生物安全的重要因素。对于蓝耳阴性场,每次引种时都需要抽血检测蓝耳抗原抗体是否为阴性,以控制整个猪群的蓝耳病发生。对引种猪最担心的就是非洲猪瘟这样的烈性病。笔者在猪场服务过程中,遇到多个猪场出现引种母猪或者外购仔猪时感染非洲猪瘟的情况,多数的结果是整栋猪全部感染发病,清圈处理,造成巨大的经济损失。因此,规模场引种前一定要做非洲猪瘟检测,检测阴性后方可引种,同时需要按要求进行隔离。

隔离猪舍经过清洗消毒后,至少应该有10天的空置期,冬季温度低,至少要空置20天方可引种。理想状态下,新引进种猪饲养在距离养殖生产区直线距离100米以外的区域。引种后隔离时间为14天,最好隔离21天为最佳。

对于散养户,最低要求是引种猪的饲养区与自有猪群之间至少有一道实心墙。新引种猪最好放在即将要出栏的育肥猪旁边,这样的话,引进猪只一旦出现问题,育肥猪可以直接选择出栏。

引进猪最好有专人照顾、专人饲养、专用生产工具,避免隔离期间,人员及工具的交叉感染。同时,隔离舍的排泄物不允许流向自有猪群的猪舍,粪便和尿液可以单独处理,条件不允许的也要在圈舍的排泻水沟内撒生石灰消毒。

最后,引种猪的车辆要严格清洗消毒,严禁使用屠宰车和淘汰车拉猪。车辆是很多疾病的传播地,对于有非洲猪瘟病毒的车辆,即使洗车消毒也容易出现消毒不彻底的情况。少量引种母猪时,尽量使用未拉过

猪的车辆；大量引种母猪或者外购仔猪时，尽量使用正规运猪车辆或者专业拉仔猪车辆。

总之，引进种猪时既要了解对方猪场的疾病情况和免疫情况，又要在车辆选择上严格把关，在此基础上猪只隔离才是有意义的。

 # 圈舍如何减少氨气味

◆ 氨气对猪的危害

猪场氨气危害超出你的想象，氨气会降低猪群抵抗力和免疫力。猪舍内氨气进入猪只呼吸道可引起咳嗽、气管炎、呼吸困难、窒息等。氨的水溶液呈碱性，对黏膜具有刺激性，严重时可发生碱灼伤，故氨气又可引起猪红眼病甚至视觉障碍等疾病。同时氨可以由肺泡进入血液，与血红蛋白结合，造成体内血氨、肠氨过高，引起贫血和组织缺氧等危害。氨气的超标会影响猪只正常生长，冬季圈舍氨气多，相比秋天养殖，猪出栏时间要推迟10~20天。养殖场应该如何降低圈舍的氨气事关重要。

◆ 调理猪的肠道

一些消化能力比较差的猪，排出来的粪便相对比较臭。而那些消化吸收能力好、长得快的猪，拉出来的粪便细腻，而且不是很臭。所以养殖户在减少圈舍氨气味的时候，可以使用益生菌给猪调理肠道。一般采用5%~10%的比例添加，这样在促进猪生长的同时，可以减少圈舍里面的

氨气味。

◆ 注意通风换气

在夏季的时候，圈舍门窗都是敞开的，这样圈舍里面的氨气味浓度相对比较低。在冬季，圈舍为了保暖，就会封闭门窗，这样氨气浓度就会很高。所以建议冬季养殖过程中，在中午时(此时室内室外温差小)多做圈舍的通风换气，让圈舍里面有新鲜的空气进入。规模场一般都有排风系统，效果会更好。

◆ 烟熏消毒法

在冬天，对圈舍做烟熏消毒，可以很有效地减少圈舍里面的氨气味，同时烟熏还有杀灭空气里面的病菌的效果。烟熏一般选择以艾叶为主的中药成分。

采用臭氧烟熏消毒的方式，同样可减少圈舍的氨气味。

◆ 饲养密度与粪便

造成猪圈里面氨气味重一个重要的因素，就是圈舍里面的饲养密度过大，这样也会导致圈舍里面氨气味重。通常情况下，冬季育肥舍饲养密度控制在1.1～1.3平方米之间，这样可以避免圈舍氨气味重，有利于猪的生长。

粪便要及时清理，一般建议每天清圈2～3次为最佳，但是很多养殖场选择一天只清理一遍粪便，有甚者两天清理一遍粪便，粪便长时间停留发酵后氨气味就会更大。

◆ 过氧乙酸除臭

秋冬季节，在圈舍内悬挂过氧乙酸，一般每隔5米挂一个500毫升的塑料瓶(为有足够的挥发面积，颈部收口用剪刀剪开)，既可以起到消毒功效，又可以减少圈舍的氨气味。悬挂过氧乙酸时不能过密，过密悬挂会对人体和猪只有损伤。

 # 猪场建设规划

◆ **地形选择**

在找场地的时候要找平坦、空旷的地方。狭长地带或者石头多的山区一般不合适，在后期建猪舍的时候分布不会太均匀，同时建设成本会提高，在管理上和运输上都不会很方便。

◆ **水源选择**

养猪场的附近一定要有比较优质的水源。不管是饮用，还是清洗或消毒，都会用到水，并且是大量的水。而且，需要对水源质量进行检测。

◆ **地势选择**

一定要选择地势稍微高一点，并且干燥且平坦的地方。这样通风效果好，也有利于地面的清洗。一定要选择向阳的位置，有利于猪的生长。关于地势的高度，最好是在当地最大的洪水线位置以上。还有就是周围空气清新，没有沼泽、蚊虫很多的地方。如果再带点斜坡，排水就很方便。满足以上的条件就十分完美。

◆ **周围环境**

不要紧挨公路，原因是太过嘈杂，远离公路可减少猪应激情况的发生。公路附近的猪场同样有生物安全隐患。尽可能不要靠居民区太近。如果附近有居民居住，要处于居民区下风向。

◆ **电源问题**

养猪场除了水源是一个大问题，电也是一个不小的问题。从节约成本上来看，尽可能离输电路近一些，这样在架电线、运输的时候就会方便不少。

◆ **交通选择**

养猪场的规模越大，对交通的要求也会越高。离国道或者是铁路大于500米，省道或者是公路距离大于200米即可。

◆ **猪场的规划与布局**

1. 洗消区

对进场区车辆和物资进行洗消，可分开设置为两级洗消：远端洗消和近端洗消。近端洗消要求不能离猪场太远，应距离场区500米以内，避免洗消后再次污染。

2. 生活区

生活区包括办公区，是猪场养殖人员、生产管理人员生活的区域，一般在生产区上风向。首次进场生物安全管控设施配套到位，生活区到生产区洗消设施配套到位。

3. 生产区

生产区包括各类猪舍和生产设施，这是猪场中的主要建筑区，一般建筑面积占全场总建筑面积的70%~80%。栋舍之间不干涉，圈舍之间间隔一般在10米左右，供料、供水、粪污排放方案要合理。种猪舍要求与其他猪舍隔开，形成种猪区。分娩舍既要靠近妊娠舍，又要接近培育猪舍。育肥猪舍应设在下风向，且离出猪台较近。在生产区的入口处，应设专门的消毒间或消毒池，以便进入生产区的人员和车辆进行严格的消毒。

4. 环保区

环保区是粪污处理、无害化处理的区域。应远离生产区，设在下风向、地势较低的地方，以免影响生产猪群。

5. 隔离区

隔离区是独立区域，是病猪隔离、引种猪隔离的区域。隔离区要保证水、空气等尽量不干涉其他区域。布置在生产区常年主导风向的

下风向或侧风向及全场地势最低处,并保持一定的间距(50~100米)。

 # 猪舍的建筑设计

◆ **猪舍的类型**

猪舍的设计与建筑,首先要符合养猪生产工艺流程,其次要考虑各自的实际情况。黄河以南地区以防潮隔热和防暑降温为主,黄河以北则以防寒保温和防潮防湿为重点。

1. 公猪舍

公猪舍一般为单列半开放式,一个舍面积在10平方米左右,舍内温度要求15~20℃,风速为0.2米/秒,内设走廊,外有小运动场,以增加种公猪的运动量,一圈一头。

2. 空怀、妊娠母猪舍

饲养空怀、妊娠母猪最常用的一种方式是分组大栏群饲,一般每栏饲养空怀母猪4~5头、妊娠母猪2~4头。圈栏的结构有实体式、栏栅式、综合式三种,猪圈布置多为单走道双列式。猪圈面积一般为8~12平方米,地面坡降不要大于1/45,地面不要太光滑,以防母猪跌倒。也有用单圈饲养的,一圈一头。舍温要求15~20℃,风速为0.2米/秒。

3. 分娩哺育舍

舍内设有分娩栏,布置多为两列或三列式。舍内温度要求20~23℃,风速为0.2米/秒。分娩栏位结构也因条件而异。

4. 仔猪保育舍

舍内温度要求 26~30℃，风速为 0.2 米/秒。建议采用保育栏床、自动落食槽。

5. 生长、育肥舍和后备母猪

这三种猪舍均采用大栏地面群养方式，自由采食，其结构形式基本相同，只是在外形、尺寸上因饲养头数和猪体大小的不同而有所变化。

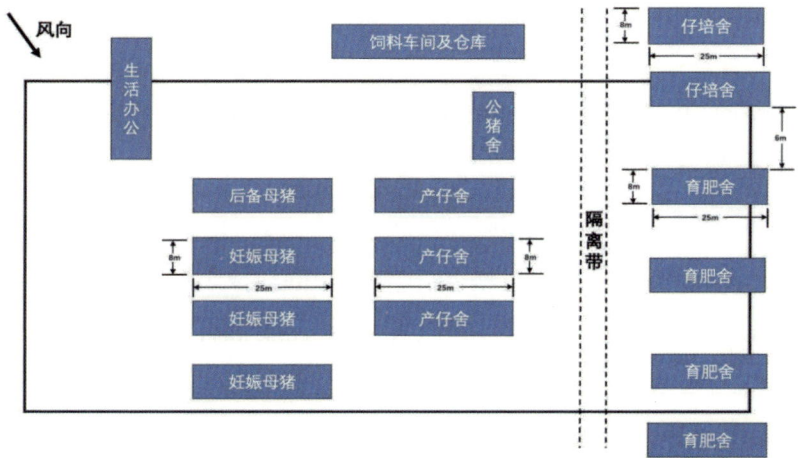

◆ 猪舍的形式

1. 按屋顶形式分

猪舍有单坡式、双坡式等。单坡式一般跨度小，结构简单，造价低，光照和通风好，适合小规模猪场。双坡式一般跨度大，双列猪舍和多列猪舍常用该形式，其保温效果好，但投资较多。

2. 按墙的结构和有无窗户分

猪舍有开放式、半开放式和封闭式。开放式是三面有墙一面无墙，通风透光好，不保温，造价低。半开放式是三面有墙一面半截墙，保温稍优于开放式。封闭式是四面有墙，又可分为有窗和无窗两种。

3. 按猪栏排列分

猪舍有单列式、双列式和多列式。

◆ **猪舍的基本结构**

猪舍主要由墙壁、屋顶、地面、门、窗、粪尿沟、隔栏等部分构成。

1. 墙壁

要求坚固、耐用,保温性好。比较理想的墙壁为砖砌墙,要求水泥勾缝,离地0.8～1.0米水泥抹面。

2. 屋顶

比较理想的屋顶为水泥预制板平板式,并加15～20厘米厚的土以利于保温、防暑。

3. 地板

要求坚固、耐用,渗水良好。比较理想的地板是水泥勾缝平砖式(属新技术)。其次为夯实的三合土地板,三合土要混合均匀、湿度适中、切实夯实。

4. 粪道

开放式猪舍要求设在前墙外面;全封闭、半封闭(冬天扣塑料棚)猪舍可设在距南墙40厘米处,并加盖漏缝地板。粪尿沟的宽度应根据舍内面积设计,至少有30厘米宽。漏缝地板的缝隙宽度要求不得大于1.5厘米。

5. 门窗

开放式猪舍运动场前墙应设有门,高0.8～1.0米,宽0.6米,要求特别结实,尤其是种猪舍;半封闭猪舍则在运动场的隔墙上开门,高0.8米,宽0.6米;全封闭猪舍仅在饲喂通道侧设门,门高0.8～1.0米,宽0.6米。通道的门高1.8米,宽1.0米。无论哪种猪舍都应设后窗。开放式、半封闭式猪舍的后窗长与高皆为40厘米,上框距墙顶40厘米;半封闭式中隔墙窗户及全封闭猪舍的前窗要尽量大,下框距地应为1.1米;全封闭猪舍的后墙窗户可大可小,若条件允许,可装双层玻璃。

6. 猪栏

除通栏猪舍外,在一般密闭猪舍内均需建隔栏。隔栏材料基本上是两种,砖砌墙水泥抹面及钢栅栏。纵隔栏应为固定栅栏,横隔栏可为活动栅栏,以便进行舍内面积的调节。

疾病防控篇

了解疾病的危害，是为了更好地预防疾病的发生。

猪感冒与猪流感

猪感冒和猪流感是两种不同的疾病。两者的症状有些相似,都容易在秋冬季节高发,都有精神不振、高热、流鼻涕和咳嗽等症状,但其病原体、传播途径和预防措施是不同的。养殖生产中,猪流感多表现全群发病的症状,猪感冒多表现个体或个圈发病的状况。

◆ **发病原因**

猪流行性感冒是猪流感病毒引起的一种急性呼吸道传染病。临床特征为突然发病,迅速蔓延全群。该病毒主要存在于病猪和带毒猪的呼吸道分泌物中,可通过飞沫、空气等快速传播。

猪感冒多因天气骤变、忽冷忽热、营养不良、体质瘦弱、露宿雨淋、寒风侵袭等引起,一般不传染其他猪只。

◆ **临床症状**

猪流感最初表现为食欲减退或拒食、眼结膜潮红、从鼻中流出黏性分泌物、体温迅速升高至40~42℃、咳嗽、乏力、肌肉酸痛、四肢无力、不愿行动等。一般表现全群发病。

猪感冒的症状为咳嗽、打喷嚏、流清鼻涕、眼结膜炎、发热40℃左右、食欲不振。一般表现个体发病。

猪感冒和猪流感的发病期一般为3~7天,如果没有继发感染,发病猪就会好转。猪流感目前没有特效药,用防止继发感染和帮助恢复设计用药方案。

通用治疗方案

饮水: 卡巴匹林钙+板青颗粒+阿莫西林。

拌料:荆防败毒散+氟苯尼考。

注射:患猪流感时,注射黄芪多糖+头孢噻呋,或者氟尼辛葡甲胺。一天2次,连续3~5天。

必要时配合氨茶碱控制病猪气喘病。

备注:猪流感发病后猪只一般3~7天才会康复,而且是大群发病,非特殊严重猪只,不建议针剂治疗。

患猪感冒时,注射双黄连+头孢噻呋,或者安乃近+头孢噻呋。一天2次,连续3~5天。

猪丹毒为什么不用做苗

猪丹毒是由猪丹毒杆菌引起的细菌性疾病,最近这两年猪丹毒的发病率有明显的上升趋势。猪丹毒虽然没有明确的发病季节,但是夏季发病率明显高于其他季节。

猪丹毒一般是个体发病,同时发病猪只如果及时治疗很容易康复,大剂量青霉素效果显著,所以养殖生产中,不建议做猪丹毒疫苗。夏季做好降温防暑和消毒工作会大幅度降低猪丹毒的发病率。

◆ **猪丹毒的分型**

猪丹毒的临床症状与细菌的毒力、猪的抵抗力、免疫状态、自然感染的方式和应激因素有关,一般可分为急性败血型、亚急性型和慢性型。

(1)急性败血型:急性猪丹毒一般潜伏期为24~48小时,颈下和胸腹及背部出现丹毒性红斑,或者出现全身性的严重败血症状,严重的会在发病后1~3小时内倒地不起,快速死亡,有的会出现口鼻流出白色泡沫。

(2)亚急性型:是最常见的猪丹毒症状,发病猪只发热至41~42℃,皮肤出现红色或紫红色的隆起菱形或方形的"打火印",指压褪色。

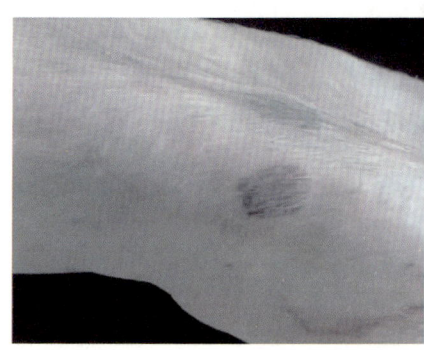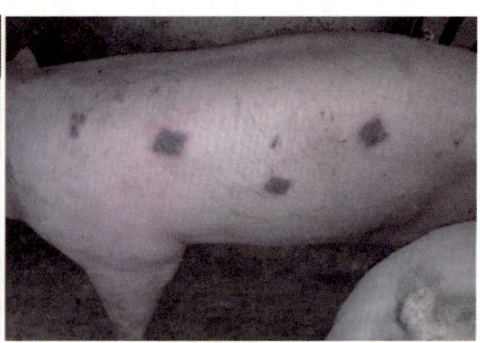

(3)慢性型:常发生于亚急性型后,最主要的表现为慢性关节炎。

治疗方案

猪丹毒杆菌为革兰氏阳性菌,青霉素类为猪丹毒敏感药,母猪服用青霉素+链霉素+安乃近,肥猪服用青霉素+地塞米松+安乃近。每日2次,连续3~4天。

备注: 青霉素适当加大剂量,有助于病猪恢复。

免疫程序(非严重地区,不建议做):仔猪在60日龄免疫,种猪每次免疫间隔6个月,一般春秋各一次。

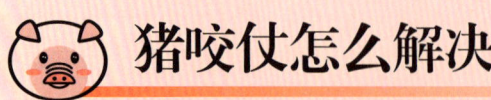猪咬仗怎么解决

养殖生产中，猪群经常会发生咬仗情况。有时在密度大时，猪群容易咬仗；有时在圈舍通风差时，猪群容易咬仗；猪转群并圈后容易咬仗，甚至没啥外界变化猪也会突然咬仗。咬仗猪如果不及时制止，容易出现应激死亡。导致猪咬仗的因素很多，解决咬仗问题，应从多方面考虑。

◆ 降低饲养密度

降低饲养密度可以很好地解决猪咬仗这个问题。由于场地有限，往往猪圈里的猪很密集，这样就很容易出现打架的现象。所以一旦有猪群打架，我们首先要考虑是否密度过大。

◆ 补充营养

一些猪出现咬仗、咬尾等行为，主要就是缺乏维生素、矿物质等营养造成的。所以在出现猪咬仗的时候，我们可以给猪群拌料中加入食盐、维生素和矿物质，这样也可以起到预防猪群打架的作用。养殖生产中，尤其是饲喂自配饲料时最为常见。

◆ 圈舍保持新鲜空气

养猪的圈舍里面，如果通风条件差，那么空气质量就会不好，也会导致猪群咬仗。所以减少猪群咬仗应做好通风换气、保持空气新鲜。如果氨气味大，可以适当增加中草药生物饲料，其解决咬仗现象往往立竿见影。

◆ 提高猪的抗应激能力

猪在打架了以后，就很容易出现应激反应。所以在转群并圈或者外购仔猪时，饮水中可加入电解多维，提高猪群的抗应激能力，这样可以减少猪只因为咬仗出现的应激甚至伤亡。

◆ 攻击性强的猪要及时隔离

对于攻击性比较强的猪，可以暂时隔离起来，单独饲养，这样也能够减少猪群之间的咬仗行为；对于咬仗后严重应激的猪，同样建议隔离饲养。

◆ 干扰猪的咬仗行为

对于咬仗猪群或者外购猪群，可以在猪群之间喷洒一些白酒、白醋，这样可以干扰猪的嗅觉，猪就不会因为气味不同而出现打架的现象。同时，在圈舍内挂上优质添砖同样可以减少猪群咬仗的现象。

◆ 圈舍光照不可太强

养猪的时候，圈舍里面的光照适当即可，如果长期光照太强，或者光照的持续时间太长，会影响猪的休息，导致猪群之间出现咬仗的行为。

◆ 咬仗猪的治疗

猪在咬仗以后，会出现低温或者发热、全身发红的现象。基本处理方案为：大量饮用电解多维。低温时注射樟脑磺酸钠，或布他磷注射液；高温时注射头孢+柴胡退热，或者维生素C。

 # 春天猪呼吸道疾病如何治疗

春天是比较容易患呼吸道感染疾病的季节，因为春天存在寒凉天气交替的过程，空气中的病原体相对较多，同时春天风大加速了病原体的

传播。当然,春天昼夜温差大,早晚冷空气往往是引发呼吸道疾病的主要因素。

要防止春季发生猪呼吸道疾病,应做好以下几个方面的工作。

◆ 免疫工作

春季是呼吸道疾病的高发季,这里为什么要谈做好猪群疫苗的免疫呢?因为如果猪群的免疫程序做得差,一旦发病会导致猪群的免疫力低下,由于自身抗感染能力差,空气中的病原体会趁虚而入。同时,以蓝耳病举例,其本身就有呼吸道症状的表现,发病后会使病情复杂,很难治愈。

◆ 通风工作

通风是很多猪场的必备工作,但是春季由于白天温度高,很多猪场晚上容易忘记关闭门窗。而春季气候多变,忽冷忽热,日夜温差比较大,此时要多注意气候变化。白天气温高时打开门窗,晚上温度低时关上门窗,既做到了通风换气,又不至于让猪只受冷。切忌让猪群反复遭受冷热应激,诱发猪肺疫、流感、感冒等呼吸道疾病。

◆ 消毒工作

早春是病原体最活跃的时间,应加强对圈舍的消毒工作,一般建议一周两次,可以使用过硫酸氢钾。

出现呼吸道疾病后应该如何治疗?

(1)感冒问题:注射头孢+双黄连,或者氟苯尼考注射液。

(2)支原体问题:注射泰地罗新注射液,或者头孢喹肟混悬液。

(3)副猪嗜血杆菌问题:注射头孢喹肟混悬液,或者氨茶碱(副猪一般表现喘的症状多)。

治疗猪的呼吸道疾病的方案还有很多:

方案1:氟苯尼考+泰乐菌素;

方案2: 氟苯尼考+多西环素;

方案3: 卡那霉素+地塞米松;

方案4: 磺胺间甲氧嘧啶钠;

方案5: 替米考星注射液或者泰乐菌素注射液。

呼吸道疾病一般配合拌料治疗:

方案1: 泰妙菌素+氟苯尼考+麻杏石甘散;

方案2: 替米考星+多西环素+氟苯尼考+麻杏石甘散。

严重的,连续饲喂7天,间隔3天,再饲喂7天。

通过粪便判断疾病

一般情况下,健康猪粪便颜色常见的有黄色松软状,或者黑色致密状。猪吃不同的食物,所排粪便颜色也不一样。如饲喂青绿饲料,粪便颜色会呈深褐黄色,饲喂高铁的饲料,猪食后粪便会呈现褐黑色,深浅程度与饲料中血粉或铁的含量高低有关;饲喂硫酸铜高的饲料,猪的粪便呈纯黑色,而且比较致密,养殖生产中,很多养殖者误认为粪便是黑色代表消化好。

猪的腹泻病是养殖场最常见的,养殖者可以通过猪的粪便初步判断猪的疾病问题。具体如下(仅供参考,具体判断可采用PCR检测):

(1)黄色稀便,仔猪黄痢。黄痢的原因是大肠杆菌感染,仔猪黄痢发生在产后一周以内,因发病速度快,而且仔猪抵抗力差,治疗不及时,死

亡率很高。

治疗首选:庆大霉素。

(2)白色稀便,仔猪白痢。一般发生在一周以后,也是一种大肠杆菌感染引起的;但仔猪白痢发病时,仔猪已经有一定的抵抗力,一般伤亡并不大。

治疗首选:恩诺沙星。

(3)黑而稀。猪痢疾的病原是猪密螺旋体,会损伤肠道而出血,猪粪的黑色是血经过消化后的颜色。

治疗首选:乙酰甲喹。

(4)血色液体。血痢和猪痢疾的病原是一样的,只是发病的阶段和危害不同。其特征为大肠黏膜发生卡他性出血性炎症,有的发展为纤维素坏死性炎症,出现黏液性出血性下痢。

首选药物:乙酰甲喹配合止血敏。

(5)黄绿色水样,呈喷射状,冬季多发,全群流行。流行性腹泻和传染性胃肠炎,任何猪都容易发生,损失最大的是哺乳仔猪。

首选药物:尚无特效药,仔猪及时腹腔补液。

(6)水泥样腹泻。增生性肠炎的症状是间隙性下痢,粪便变软变稀而呈糊样或水样,颜色较深,有时混有血液或坏死组织碎片。猪发病部位是回肠,所以也叫回肠炎,一般25～50千克的猪发病较多。

治疗首选:泰万菌素+地美硝唑。

(7)暗绿色腹泻。仔猪副伤寒,急性表现为败血症,慢性表现为坏死性肠炎,发病群体多为断奶仔猪,呈顽固性下痢,粪便水样,可能是黄绿色、暗绿色、暗棕色,粪便中常混有血液坏死组织或纤维素絮片,恶臭。

首选药物:四环素类。

(8)黑色沥青状,腹泻与便秘交替,一般为猪瘟。猪瘟也叫烂肠瘟,正在发生猪瘟的猪会排出黑色沥青状的粪便。当然，还有一种情况就是胃肠道出血的猪，也会排出黑色的粪便。

首选药物：注射猪瘟疫苗。

 # 如何防控非洲猪瘟

◆ **定期消毒**

预防非洲猪瘟，消毒工作是重中之重，平时圈舍消毒一周两次。当附近出现非洲猪瘟疫情时，需要每天使用过硫酸氢钾消毒。

人员消毒是非常重要的消毒环节。很多时候非洲猪瘟病毒就是人员带来的，所以当厂区人员外出回来后，需要立刻更换衣服、鞋子，洗澡消毒后方可入场；针对规模猪场，外来人员需要清洗消毒后隔离7天方可入场。

消毒的环节有很多，包括带猪消毒、车辆消毒、器械消毒等，其中猪圈的走廊过道的消毒才是最关键的。附近发生疫情后，建议用生石灰撒满过道地面。猪场80%的非洲猪瘟病毒是由人员通过猪圈过道带到猪场的。

值得强调的是，外卖猪时安全隐患最大，因为收猪车大多数消毒工

作做得差,卖猪时要禁止收猪车进厂区(院子),做到厂区里外零接触,卖猪后使用火碱或者火焰彻底消毒。

◆ 提高免疫力

营养免疫是最好的猪群免疫,免疫力高的猪群,抗病力自然强。提高免疫力的方案有很多,饲喂优质饲料、添加电解质多维、饲喂生物饲料等均有提高免疫力的作用。

养殖生产中,最容易忽视的环节就是妊娠母猪的营养需求,营养单一的母猪料会导致母猪产能下降,导致母猪的体质差、抵抗力降低。

由于断奶仔猪的自身免疫力是比较差的,所以养殖生产中很容易发生断奶仔猪的各种疾病问题。建议饲喂断奶仔猪优质保育料,可添加适当的电解质多维提高仔猪的免疫力。

◆ 消灭蚊鼠

养殖场圈舍难免会有老鼠和蚊子出现。一到夏季圈舍蚊子会明显增多,安装纱窗又会减少空气的流动,所以散养户一般采用点蚊香的方式驱赶蚊子,蚊子是携带包括非洲猪瘟病毒在内的很多病毒性疾病的传播者。

灭鼠工作同样重要。老鼠是很多病毒和细菌性疾病的传播者。减少老鼠,要做到圈舍清洁,及时打扫圈舍内的撒落饲料,及时修补圈舍的漏洞和缝隙。必要时投放质量合格的老鼠药。

◆ 减少外购猪

非瘟养殖的大背景下,引猪后发病的案例时有发生。有的是外购仔猪,更多的是外购母猪。所以,猪场坚持自繁自养相对比较安全,亦可采用全进全出的饲养方式。

必要时,外购仔猪尽量选择防疫做得好的猪场。引种母猪后,建议隔离14天后再混圈饲养。切忌外引猪直接混群,一旦出现非洲猪瘟病毒,将面临清场的风险。

◆ 外调卖猪

笔者服务的几家规模场均采用外调到固定的装猪台去装猪的卖猪方式，禁止收猪车到达猪场外围，并且每一车猪卸完后都要进行彻底消毒。同时，转运车返回猪场厂区再装猪时，也是里外没有任何接触的装猪方式（一般倒运车辆选择9.6米的货车，并配备专门开关后车厢门的人员）。

这种倒猪的卖猪方式适合规模场，不适合散养户。缺点是工作量大，需要人员多，卖猪成本高（初步计算一头猪10元左右）。同时，遇到高温天气猪只应激死亡率高（死亡率在0.3%～2%之间），所以夏季一定要选择在阳光充沛前（6:00～7:00）结束卖猪工作。

◆ 禁止饲喂剩餐（泔水）

一些相对落后的养殖场，为了节省养殖成本选择饲喂剩菜剩饭，这是最容易造成猪场感染非洲猪瘟病毒的做法。因为非洲猪瘟病毒在剩菜剩饭中可以长时间存活，一旦其中有感染的病猪肉，那么，对于饲喂剩菜剩饭后的猪场会产生巨大的危害。

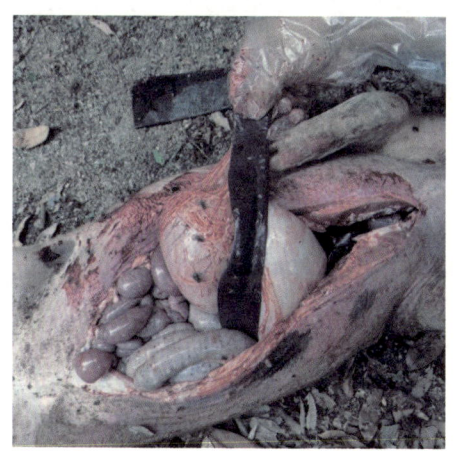
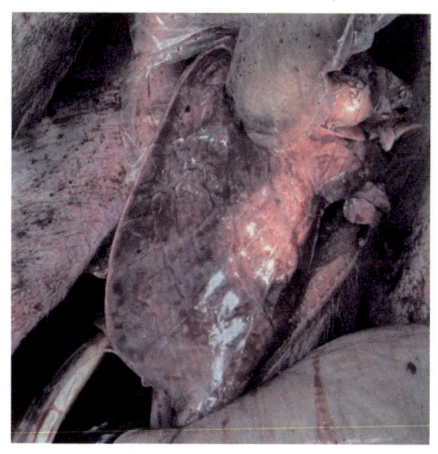

非洲猪瘟脾明显肿大　　　　　　非洲猪瘟肺部充血肉变

非洲猪瘟清圈后如何复养

非洲猪瘟的潜伏期一般为5～19天，最长可达21天。目前，尚无有效疫苗和药物用于预防和治疗非洲猪瘟。清除已存在的非洲猪瘟病毒，并有效阻止非洲猪瘟病毒再次进入养殖场，是决定养殖场恢复生产成功的关键。

非洲猪瘟清圈复养工作非常复杂，清圈后如果消毒不彻底，很容易出现再次发病的现象。

首先需要了解病毒存活时间：在4℃的血液中可存活18个月，在带血的木板中可存活70天，在冷冻肉中可存活超过3年，在20℃粪便尿液中可存活11天，在不洁净的猪栏里存活1个月，在尸体中存活6个月。

那么养猪场发生疫情后，应该如何进行标准的复养工作？

◆ 彻底清理

清圈后，猪舍里面的粪尿、地板、排粪沟等一切能看到的地方以及上一批猪会接触到的地方，全部清洗干净(最好用高压水清洗)，尤其是圈舍内的产床、定位栏等全部拆除后，用火碱反复浸泡2～3次方可使用。化粪池一般没办法清洗，但是要尽量抽干粪尿，然后倒入大量的火碱水，杀灭病菌。

除了清理圈舍，还应该把同一圈舍内未表现症状的猪只全部淘汰处理，否则猪场很容易带毒生产。

> **注意事项**
>
> 清扫消毒期间最好穿戴养殖防护服，清扫结束后，防护服及时焚烧处理。防止人员到处走动，四处带毒。

◆ **空圈时间**

非洲猪瘟清圈后,到底应该空圈多长时间才能复养呢?这是值得讨论的话题。笔者接触过确诊非洲猪瘟病毒后空圈2个月复养成功的案例,也见过空圈5个月复养失败的案例。其实,归根结底还是要看清圈后的清理消毒是否彻底。为了安全起见,建议彻底清理消毒后4~6个月复养。

◆ **系统消毒**

生产区(生猪饲养栋舍、死猪暂存间、饲料生产及存放间、出猪间/台、场区道路等)、生活区(办公室、食堂、宿舍、更衣室、淋浴间等)、场区外道路等,应全面彻底清洗消毒。总体上,应按照从里到外,即由猪舍内到猪舍外、生活区再到场区外的顺序,渐次消毒,防止交叉、反复污染。

方案一:用3%的火碱水喷洒整个地面,保持地面湿润的时间至少为30分钟。

方案二:石灰乳涂刷消毒。将20%的石灰乳与2%的火碱溶液制成碱石灰混悬液对圈舍进行粉刷。每3天粉刷一次,至少粉刷3次。

备注:20%的石灰乳和2%的火碱混悬液的配制方法为,1千克火碱、10千克生石灰,加入50升水,充分拌匀后用粗纱网过滤。石灰乳必须即配即用,放置过久会变质导致失去杀菌消毒作用。

方案三:熏蒸消毒。空间可密封时,使用高锰酸钾与福尔马林1:2混合,熏蒸整栋猪舍,熏蒸后,密闭24~48小时。

方案四:火焰消毒。火焰消毒是杀灭非洲猪瘟病毒的重要方法之一,但是火焰消毒时速度要慢,速度过快的火焰走过地面的方式,会让消毒效果大打折扣。由于火焰消毒工作量大,一般建议只使用在发病圈舍内消毒或者冬季消毒。

方案五:很多猪场更喜欢用过硫酸氢钾消毒。过硫酸氢钾1:200稀释后,5分钟内可杀灭非洲猪瘟病毒。

以上几种消毒方案交叉使用,消毒效果会更好。如果猪场冬天发病清圈,初步消毒后,建议开春后再彻底清洗消毒,因为温度过低会严重影响消毒效果。

◆ 抽样检测

大多数散养户,一般很少抽样检测。但是规模场,进猪之前需要对圈舍内可疑的灰尘和蓄粪池内的样品进行抽样检测,以达到安全的保障。

◆ 设置哨兵猪

养殖场环境检测(非洲猪瘟病毒检测)为阴性后,不要着急大面积进猪,而是先引进哨兵猪。育肥舍的哨兵猪一般选择仔猪,因为仔猪购买成本较低。每个栏位放置2头哨兵猪,饲养21天。

种猪舍的哨兵猪一般选择100千克以上的后备母猪(体重够大,一旦发病可直接卖猪)。可放置满负荷生产的10%～20%哨兵猪数量,饲养42天。如有限位栏,应打开栏门,定时驱赶,确保哨兵猪行走覆盖所有限位栏。

育肥舍哨兵猪检测:哨兵猪饲养21天后,临床观察无异常并且采样检测为阴性的,可准备恢复生产。

种猪舍哨兵猪检测:哨兵猪饲养42天后,临床观察无异常并且采样检测为阴性的,可准备恢复生产。

附红细胞体

附红细胞体是寄生于动物血液里，可附着在红细胞的表面，或游离于血浆中的一种单细胞原生物，能引起各种动物热性病、溶血性疾病。夏季蚊虫是主要的传播者。

附红细胞体病一般是由多种因素引发的疾病，仅仅通过感染一般不会使在正常管理条件下饲养的健康猪发生急性症状，应激是导致本病暴发的主要原因，尤其是夏季的热应激容易引发附红细胞体。事实表明，夏季附红细胞体的发病率远高于其他季节。

免疫力低的猪群更容易引发附红细胞体，分娩、过度拥挤、长途运输、恶劣天气、饲养管理不良、更换圈舍或饲料及其他疾病感染时，猪群亦可能暴发此病。

◆ 临床症状

不同猪只，体质不同，表现不同，主要表现是黄疸，持续发热，后颈部有出血点，尿液茶叶色，发生红皮病。具体如下：

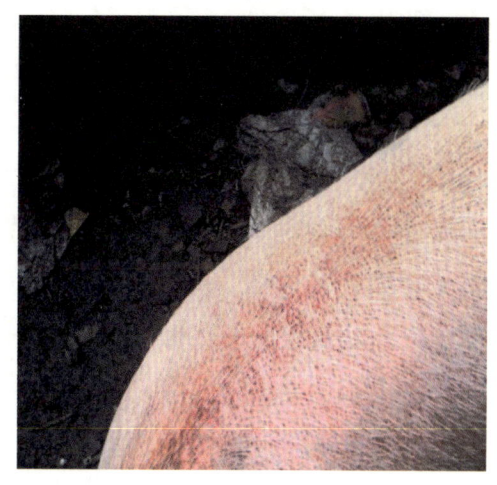

1. 哺乳仔猪症状

5日内发病症状明显，新生仔猪出现身体皮肤潮红，精神沉郁，吃奶减少或废绝，急性死亡。一般7~10日龄多发，体温升高，眼结膜皮肤苍白或黄染，贫血。

2. 育肥猪症状

急性型病猪体温升高，达39.5～42℃。病初精神萎顿，食欲减退，颤抖转圈或不愿站立，离群卧地。出现便秘或拉稀，有时便秘和拉稀交替出现。病猪耳朵、颈下、胸前、腹下、四肢内侧等部位皮肤红紫，指压不褪色，成为"红皮猪"。

慢性型患猪体温在39.5℃左右，主要表现为贫血和黄疸。患猪尿呈黄色，大便干如栗状，表面带有黑褐色或鲜红色的血液。生长缓慢，出栏延迟。

3. 母猪症状

急性感染的症状为持续高热(体温可高达42℃)，厌食，偶有乳房和阴唇水肿，产仔后奶量少，缺乏母性。

慢性感染猪呈现衰弱，黏膜苍白及黄疸，不发情或屡配不孕，如有其他疾病或营养不良，可使症状加重，甚至死亡。

备注： 夏季高温季节，母猪出现反复高热，首先应该考虑的疾病就是附红细胞体。

◆ **血液镜检**

附红细胞体感染一周后，猪主要表现为高热和溶血性贫血，这时血液内有大量附红细胞体，血液检查很容易发现。取高热期的病猪血一滴涂片，生理盐水10倍稀释，混匀，加盖玻片，放在400～600倍

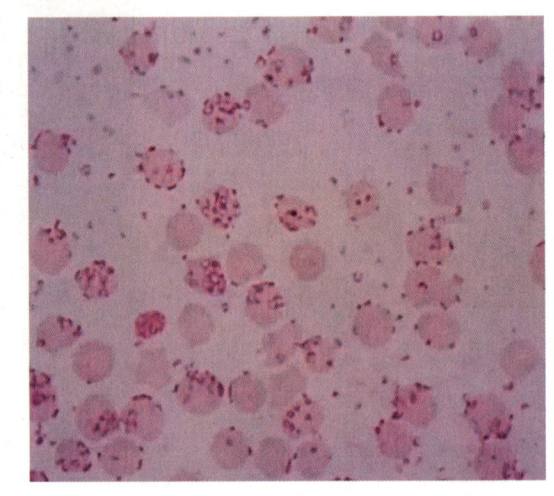

显微镜下观察，发现红细胞表面及血浆中有游动的各种形态的虫体，附

着在红细胞表面的虫体大部分围成一个圆,呈链状排列。红细胞呈星形或不规则的多边形。

◆ **预防与治疗**

夏季做好除蚊虫工作和降温防暑工作,就会明显降低附红细胞体的发生。每年定期两次用多西环素预防,每次7天(建议在6—7月高温时节要用药一次)。

治疗方案

注射三氮脒(可用生理盐水稀释,稀释静置后使用),或者注射多西环素。高热症状发生时,配合氟尼辛葡甲胺。

◆ **区别猪瘟与蓝耳病**

(1)猪瘟与蓝耳病没有明显的季节性,附红细胞体是夏季高发病。

(2)猪瘟与蓝耳病无贫血和黄疸病症。

(3)附红细胞体对四环素类抗生素药物敏感。

(4)附红细胞体的猪只尿液为深茶叶色。

(5)与霉菌毒素造成的出血点区别:内毒素出血点擦拭不掉,附红细胞体引起的出血点擦拭后会有铁锈色印记。

寄生虫对猪场的危害

非洲猪瘟可以让猪群全军覆没,而寄生虫可以让猪场钱财尽失。科学合理的驱虫对一个养殖场至关重要,"驱虫做不好,喂啥都是瞎搞"。

寄生于猪体的常见寄生虫有60余种，猪群感染寄生虫后，通常无明显临床症状，容易被人们忽视。寄生虫的生存、感染和繁殖能力很强，寄生虫可分为体内和体外寄生。

猪场常见的主要寄生虫有蛔虫、鞭虫、结节线虫、肾线虫、肺丝虫等，对猪危害均较大。成虫与猪争夺营养成分；幼虫移行破坏猪的肠壁。

寄生虫多与猪场环境相关，特别是湿度大、卫生条件差、密度大的猪场；饮水冲栏使用不洁水最容易引发寄生虫的繁殖。

◆ **驱虫药的种类**

内寄生虫药：左旋咪唑、伊维菌素、阿维菌素、莫西菌素、芬苯达唑、阿苯达唑。

外寄生虫药：敌百虫、双甲脒、菊酯类药、阿维菌素透皮溶液、伊维菌素、除赖灵、海达宁。

◆ **养殖场驱虫方案**

(1)种猪每年驱虫4次，即每个季度驱虫1次。

(2)仔猪25千克第一次驱虫，75千克第二次驱虫。

(3)母猪配种后应有3周的停药期。

(4)驱虫药必须选择孕畜可用产品。

(5)饲喂伊维菌素和阿苯达唑预混剂，连续拌料7天。

(6)外喷双甲脒。猪用一般10毫升双甲脒兑水2.5升。

(7)多拉菌素用于治疗家畜线虫病和螨病等体外寄生虫病。多拉菌素不易透过血脑屏障，对中枢神经系统损害极小，对牲畜比较安全。主要特点是血药浓度及半衰期均比伊维菌素高或延长两倍，一年注射两次即可。

(8)对于寄生虫严重的猪只可采用三七驱虫法。伊维菌素和阿苯达唑预混剂拌料7天后,间隔7天,再拌料7天。建议驱虫药针剂第一次用后,间隔7天再注射一次,以消灭孵化出的虫。

◆ 驱虫的误区

误区一:驱虫时间不够。

有的养殖场每次驱虫时就喂一顿驱虫药片,这样的驱虫时间不够,效果大打折扣。

误区二:驱虫频率不够。

建议猪场一年驱虫4次为最佳,但是很多养殖场一年只驱虫2次。更有甚者,不见到母猪拉虫子就认为没有寄生虫,"不见虫就不驱虫"的想法是错误的。

误区三:驱虫药使用不对。

一些猪场认为一种驱虫药就可以杀灭所有寄生虫。但是目前并没有这样的驱虫药,所以驱虫药搭配使用效果更好。

猪食盐中毒

猪食盐中毒是由于猪长期或者一次性食入大量食盐后,尤其是饮水不足而引起的一种中毒性疾病。猪食盐中毒后,可引起消化道炎症和脑组织水肿、变性乃至坏死,临床上以神经症状和一定的消化紊乱为特征。本病常发生于散养户,规模场很少发生食盐中毒。据了解,猪食盐内服急性致死量为每千克体重2.2克。

◆ 病因

食盐中毒一般是由于猪采食了含盐分较多的饲料。常见的就是养殖场配制配合料时为促进猪只快速生长,选择长期不标准地加盐;散养户给猪喂以食盐含量大的酱渣、腌卤菜及卤水、卤汤等,都容易造成猪食盐中毒。

◆ 临床症状

猪食盐中毒的临床症状为食欲减少,口渴,流涎,头碰撞物体,步态不稳,转圈运动。大多数病例呈间歇性癫痫样神经症状。神经症状发作时,颈肌抽搐、不断咀嚼流涎、犬坐姿势、张口呼吸、皮肤黏膜发绀,发作过程为1～5分钟,发作间歇时,病猪可不呈现任何异常情况,一天内可反复发作数次。发作时,肌肉抽搐,体温升高,但一般不超过39.5℃,间歇期体温正常。末期后躯麻痹,卧地不起,常在昏迷中死亡。

◆ 治疗措施

(1)发病后的猪应立即停止饲喂含盐量高的饲料,给予足量的饮用清水,尽可能使过多的钠、氯离子从尿液中排出。必要情况下,肌肉注射速尿。

(2)在确诊的情况下,首先选用10%的氯化钙静脉注射,快速平衡阳离子。静脉注射10%的氯化钙10～30毫升,配合5%的葡萄糖100～200毫升。

(3)结合使用强心剂救治,如安钠咖、樟脑磺酸钠。

(4)缓解兴奋和痉挛,可选用25%的硫酸镁等药物。

(5)缓解脑水肿,降低颅内压,可选用50%的高渗葡萄糖静脉注射或者用甘露醇静脉注射200毫升。

解剖病死猪判断猪病

剖检死猪是诊断疾病非常重要的手段之一，是通过检查病死猪的病理变化来诊断疾病的一种方法。通过尸体剖检，使猪的疾病迅速得到诊断，从而对疾病特别是传染病和寄生虫病的防治产生实际意义。

剖检死猪可以直接观察到各种疾病出现的病理变化，并结合临床表现，进一步推断疾病的发生、发展，了解疾病的本质。通过尸体剖检，能够检查生前诊断是否正确，及时纠正诊疗工作中的错误，提高诊疗工作的质量。

养殖生产中，很多疾病通过个人经验很难得到更精准的判断。对于一些常见的猪病，从业者要学会通过解剖病死猪，进一步判断猪病。解剖时主要观察有心脏、肾脏、脾脏、肺部、肝脏及淋巴结等器官的病变情况。下面具体分享最常见的病死猪的解剖症状：

疾病分类	病变组织	病变特征
副猪嗜血杆菌病	心脏组织	有典型的纤维素性心包炎症状绒毛心，心脏内部有积液
	肺部组织	胸腹腔出现纤维素性渗出液体，肺部出现黏液粘连
	关节组织	腿部关节腔内有化脓性积液渗出物，关节水肿
传染性胸膜肺炎	肺部组织	特征为胸膜和肺部纤维素性渗出液；肺部感染坏死的组织肿大，切面组织有白色坏死或出血性病灶，且病灶轮廓清晰坚实
	支气管和气管	猪只的气管和支气管内部出现泡沫状的红色黏液，并从死猪的鼻腔中溢出

疾病分类	病变组织	病变特征
巴氏杆菌猪肺疫	咽喉部位	肿胀充血，鼻腔分泌脓性浆液
	肺部组织	病变的肺部颜色暗红，并且病变的肺形似肝脏的病变，呈灰色，肺部病变切面呈大理石样
	皮肤、浆膜、淋巴结	有红色斑点的出血性症状
支原体感染	肺部组织	肺部肿大包膜，有压痕，急性病变的肺部颜色呈灰白或浅红色；切面可见清晰肺泡轮廓，肺支气管渗出白色浆液；慢性肺部病变外观形似胰样或虾肉样病变和肿大，并且会由小病灶逐渐汇成面积较大的病变区
	支气管淋巴结	肿大，切面呈现灰白色
非洲猪瘟	脾脏、胆囊	脾脏异常肿大，一般情况下是正常脾的 3 ~ 6 倍，颜色变暗，质地变脆；非洲猪瘟的特征性症状是胆囊肿大
	淋巴结肾脏	淋巴结（特别是肠系淋巴结和腹股沟淋巴结）肿大以及整个淋巴结出血，形态类似于血块；肾脏表面和切面有斑点状出血
猪瘟	淋巴结	腹股沟淋巴结和肠系膜淋巴结病变明显，呈现水肿出血现象，切面呈现大理石样或褐色外观
	肾脏	肾脏被膜表面有出血性斑点
	脾脏	脾脏的边缘坏死、呈黑色，其坏死灶凸起，形似纽扣状
	扁桃体或其他脏器	都具有出血性病变的特征，腹部皮肤也有出血点

疾病分类	病变组织	病变特征
伪狂犬病	脑部	脑部组织充血肿大或者有出血点（感染的胎儿），脊液增加
	扁桃体	病变出血、炎症、坏死
	呼吸道气管	有较多的泡沫状的黏液
	肝脏、肺脏、脾脏	有黄白色点状坏死病变
圆环病毒病	肺脏、肝脏、肾脏、心脏	肺脏有轻度多灶性或高度弥漫性间质性肺炎；肝脏有以肝细胞的单细胞坏死为特征的肝炎；肾脏苍白或出现白色坏死病灶；心脏有多灶性心肌炎
蓝耳病	淋巴结	病变的淋巴结切面润滑外翻，呈现土黄色或者深红色
	肺部组织	肺部间质性肺炎膨大部塌陷，肺泡间隔厚度增加，表面有灰色渗出区；易与其他呼吸道疾病出现继发混合感染，需要做好辨别

 # 猪突然死亡是因为什么病

养殖生产中，猪只突然死亡的现象有很多，但多数死亡的原因不同。猪只死亡的主要原因有，急性消化系统疾病引起的死亡，如猪胀气死亡；

急性呼吸道系统疾病引起的死亡,如传染性胸膜肺炎;急性败血症引起的死亡,如链球菌,甚至一些急性的应激引起的死亡,如热应激,均可能造成猪只的突然死亡。

同时,猪的脑炎、心肌炎甚至非洲猪瘟出现后均有导致猪出现突然死亡的情况。除非洲猪瘟以外,其他的大部分的猪突然死亡一般问题不大,通过短期用药预防和管理调整就可以控制猪群的稳定性。

养殖生产中常见的猪只突然死亡的案例主要有以下几种:

◆ 胀气导致的死亡

产气荚膜梭菌在猪的肠道大量繁殖,产生的气体导致猪的肚子越来越大,快的1~2小时猪就会窒息死亡,表现为胀气死亡(冬季多发)。这主要是因为饲料霉变、冬季冷应激、环境太差造成的,全群拌料林可霉素加甲硝唑,连用7~10天。

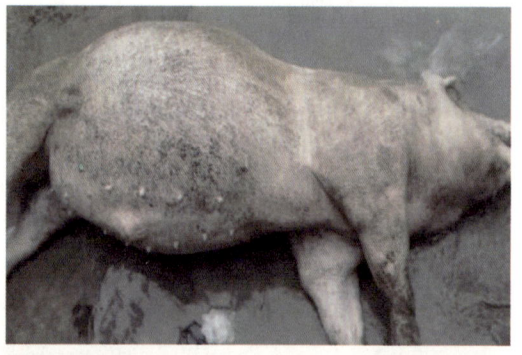

◆ 热应激导致的死亡

进入夏季,猪舍的温度超过了35℃,猪就非常危险,尤其是母猪和肥猪,主要表现为张嘴喘气、呼吸困难、高热不退、身上发红,严

重的会出现快速死亡,遇到这种情况可以先物理降温,用水浇到猪的头上和身上,也可以耳尖放血。

◆ **急性胸膜肺炎导至的突然死亡**

很多养殖场时常会发生猪只突然死亡,可见猪躺在地上口鼻流出带血的泡沫。解剖可见气管与支气管内充满淡红色泡沫样液体,这大多数是急性胸膜肺炎引起的,一般的胸膜肺炎表现为

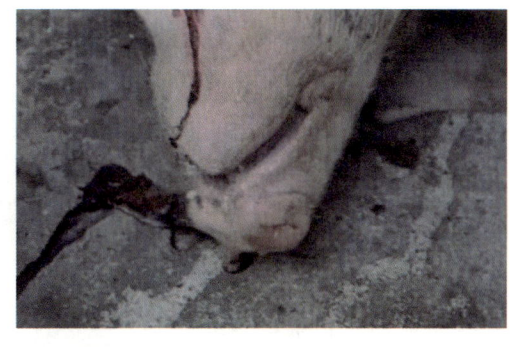

部分猪咳嗽气喘、呼吸困难,急性的往往来不及治疗。出现这种现象时,要及时预防,用替米考星、多西环素加麻杏石甘散全群拌料,连用7天。

◆ **猪肺疫导致的突然死亡**

猪肺疫也叫锁喉风,它和胸膜肺炎非常相似。猪张口喘气、呼吸困难、发热,有的猪突然死亡,口鼻流出白色泡沫。这种病有一个明显的特征,就是脖子肿大发红,发现后也要及时治疗,拌料用氟苯尼考、多西环素加麻杏石甘散,连用7天。

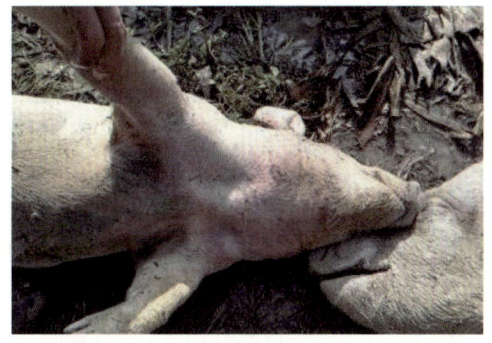

◆ **白肌病导致仔猪突然死亡**

白肌病多发生于20日龄左右的仔猪,患病仔猪身体健壮而突然发病,甚至突然死亡。常表现为食欲减退、精神

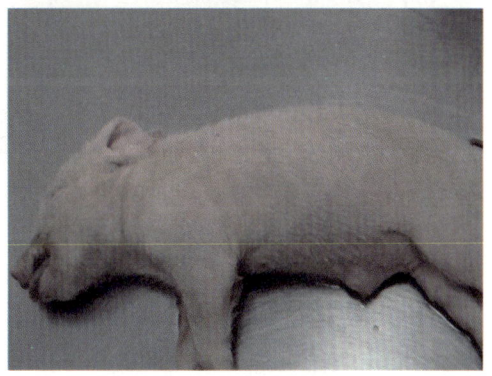

不振、呼吸迫促、喜卧,甚至突然死亡。发生白肌病的主要原因是硒缺乏。

◆ **水肿病导致的仔猪突然死亡**

多发于断奶前后,一年四季均可发生,多见于营养好和体壮的仔猪突然发病死亡。缺硒会提高水肿病的发病率。有些先轻度腹泻后便秘,有些眼睑水肿,或表现共济失调等神经症状。治疗水肿病常用恩诺沙星、速尿。

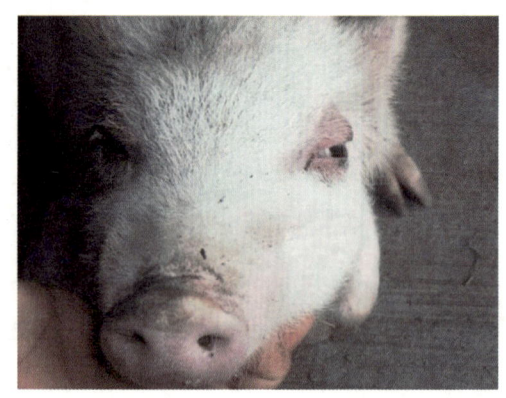

◆ **黄曲霉中毒导致突然死亡**

猪吃发霉饲料后5～15天会出现症状。急性病例可在运动中死亡,或发病后两天内死亡。病猪表现为精神萎顿,食欲降低或不吃食,后躯软弱,走路摇晃,黏膜黄染,体温正常,粪便干燥。发病后几天内死亡,或没有出现症状而突然死亡。应及时停止饲喂发霉饲料,全群饮用葡萄糖+维生素C,可以加快新陈代谢,达到排毒的目的。

◆ **肠出血综合征**

肠出血综合征指猪肠道大量出血所致的突然死亡综合征。发病多见于无特异病原的猪群和瘦肉型种猪群。应激因素是本病的诱因,尤以个别散发的6～9月龄的公猪及肥猪突然应激死亡,剖检时发现小肠出血等证实。临床

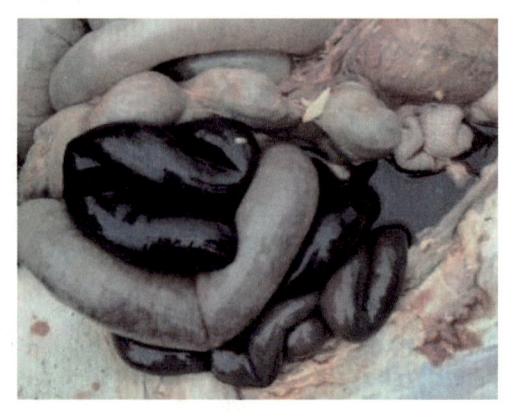

上主要表现突然死亡，死猪和同群中病猪则多呈现皮肤苍白，排泄松软的带有血液的粪便或带有纤维蛋白的管型粪便，其他方面正常。

非洲猪瘟经过长期传播，毒力相对减弱，当下更多地表现为母猪陆续出现不吃食和仔猪的气喘症状，用药几天后病症一般不会好转，一周内多数会出现病危或者死亡。很少出现开始暴发时就拉血或败血突然死亡的案例。所以，养殖生产中，突然见到圈舍内有病死猪，一般均不是非洲猪瘟。

多头猪出现病死情况后，需要到正规部门抽血或者进行器官检测。

猪败血与皮肤病

猪场的很多细菌性疾病会导致猪出现败血或皮肤类疾病。治疗不及时很容易感染严重，对猪场造成损失。猪只的皮肤类疾病不仅会影响猪的生长速度，严重的会导致猪慢性死亡。导致猪败血症和皮肤病除细菌性因素，还有病毒性因素、寄生虫因素、强光因素等等，这里分别从物理因素、生物因素和传染病因素探讨不同的皮肤病。

◆ 物理化学因素

（1）由于外界环境的光、热、温度等物理因素对动物机体的损害，导致体温调节功能障碍，从而引起生理性皮肤发红。

（2）过敏体质的猪因紫外线、花粉、消毒液、个别药品等发生过敏。

（3）中毒应激，如霉菌毒素中毒、T-2毒素中毒、一氧化碳中毒都能引起皮肤红紫斑。

◆ **生物性因素**

(1)体表寄生虫疥螨病：引起瘙痒摩擦，毛、皮脱落，全身发红。

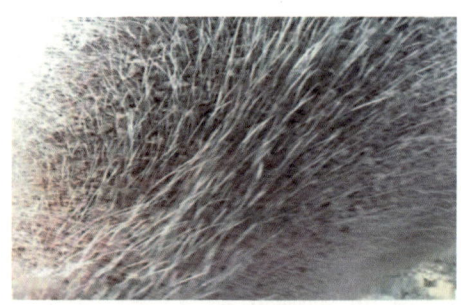
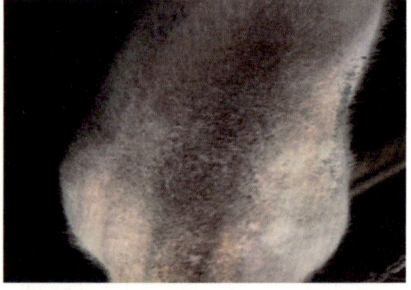

(2)蚊虫叮咬：引起皮肤感染，皮肤表面有小红疙瘩。

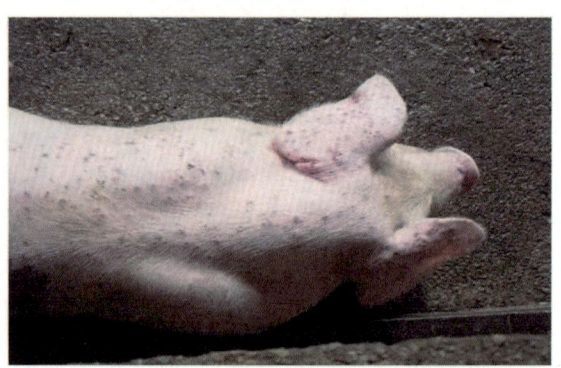

(3)附红细胞体病：病猪毛孔有铁锈色出血点或渗出性出血点，初期皮肤发红，尿液发黄；中期皮肤苍白，尿色发红；后期皮肤黄疸，拉血尿。

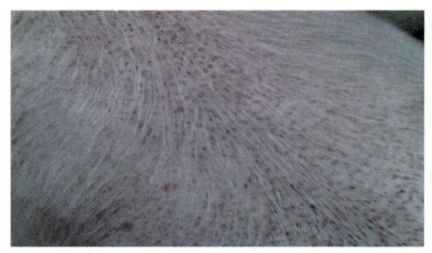
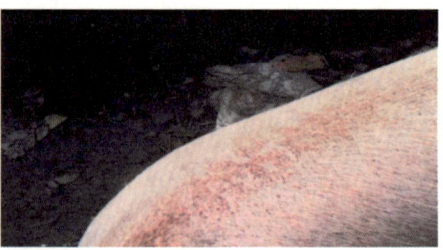

(4)弓形体病：原虫寄生于血液，终末宿主是猫，引起猪体温升高至40.5～42.0℃，高热稽留。耳、胸、腹下等皮肤上出现红斑。前期粪干食少，后期下痢,鼻孔流浆液性或水样黏液,呼吸困难,呈腹式呼吸。败血情况与典型猪瘟症状相似,对磺胺类药物敏感(常用于与猪瘟区分)。

◆ **传染病因素**

(1)急性猪瘟:由猪瘟病毒引起的猪急性、热性、败血性传染病。病猪表现为突然发病,高热稽留(41.0~42.5℃),可视黏膜和皮肤有针尖大密集出血点,指压不褪色,耳、四肢内侧、腹下及外阴等处皮肤出现小的出血斑点。两眼有大量的黏脓性分泌物,甚至使眼睑粘连,包皮积尿,初便秘、后腹泻。病程1~3天,发病率和死亡率都很高。

(2)蓝耳病:高热稽留,周身发红,耳部发绀,呼吸困难。

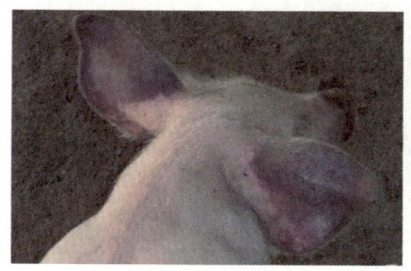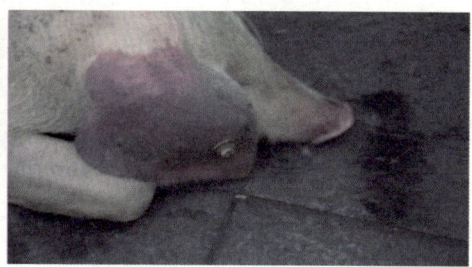

(3)圆环病毒病:由圆环病毒型引起的以皮肤出现红色丘疹为主的传染病。全身有多处界限分明的圆形或不规则形隆起,呈红色或紫红色,中央有黑色病灶。圆环病素引起的黑红色丘疹主要体现在猪的屁股和耳尖等远离心脏的部位。

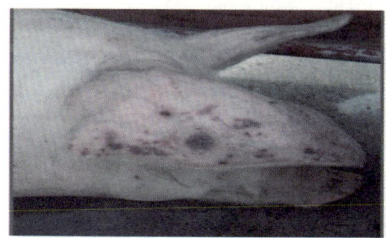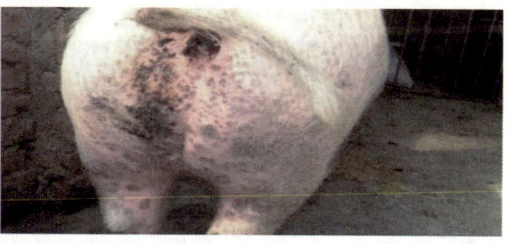

(4)猪丹毒:由丹毒杆菌引起的急性败血症,皮肤有出血点,指压褪色。高热稽留,死亡率高80%;全身症状明显;慢性以皮肤疹块和关节炎、

心内膜炎为主。

（5）链球菌：病猪一般体温升高40℃以上，精神沉郁，呈稽留热，低头喜卧，腹下有紫红斑，易与急性猪丹毒混淆，但死亡率没有猪丹毒高。

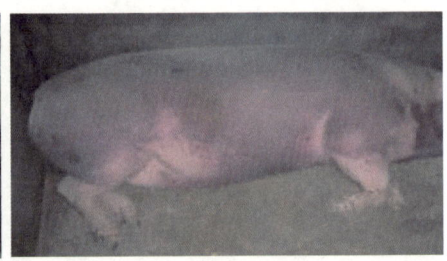

（6）葡萄球菌病：由猪葡萄球菌感染引起的仔猪急性接触性皮炎（多发生于分娩舍的哺乳仔猪和断奶仔猪阶段），以全身油脂样渗出性皮炎为特征。仔猪通常在感染后4~6天发病。病猪眼睛的周围、鼻、唇和耳后皮肤呈红褐色斑点，斑点逐渐变大；后期红斑覆盖全身，皮肤和脓疱浆液相互混合形成油性渗出物，皮肤潮湿油腻，即成"油皮猪"。

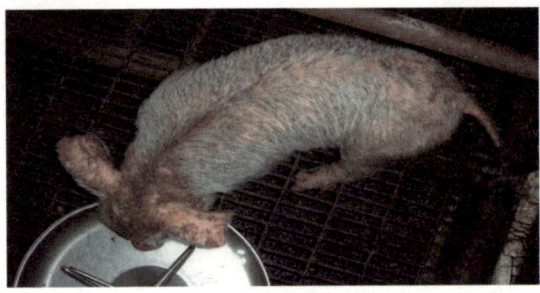
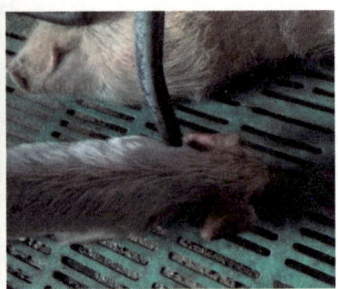

　　(7)猪痘:由痘病毒引起。感染部位通常限于腹部(身体侧面、腹壁和股内侧),由红斑变成丘疹,继而变成水疱、脓包,破裂,结痂。

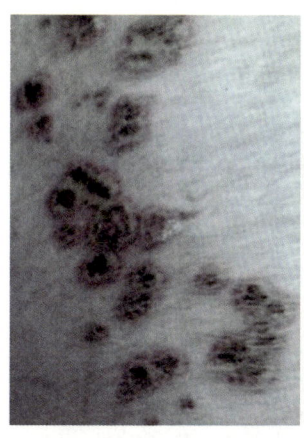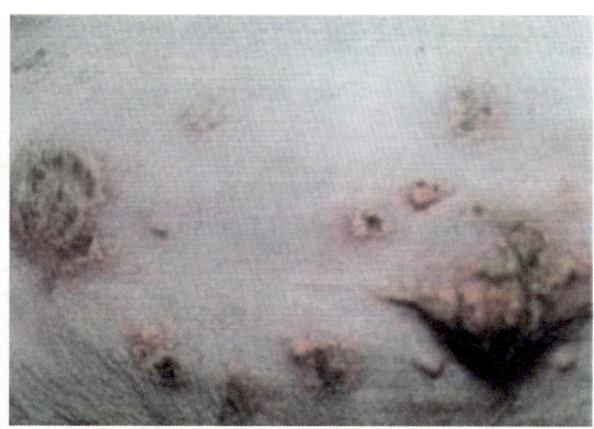

　　(8)坏死杆菌:初为皮肤上突起小丘疹,表面逐渐形成结痂,结痂下组织发生坏死,坏死组织腐烂,内有多量呈灰黄色或灰褐色的恶臭液体,最后皮肤发生溃烂。

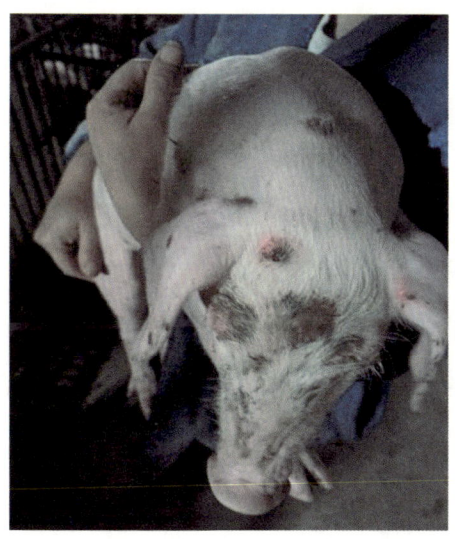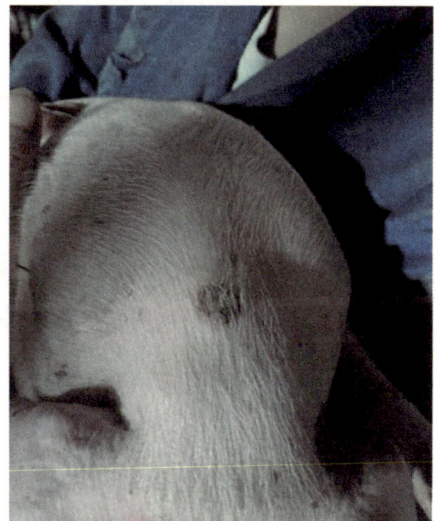

(9)玫瑰糠疹：具有遗传性，患病猪康复后所产仔猪更容易患病，高温高湿，饲养密度大的猪群更容易出现玫瑰糠疹。发病猪一般表现在腹部，出现片状隆起的红斑，边缘处隆起形成圈围。不影响精神状态和采食。

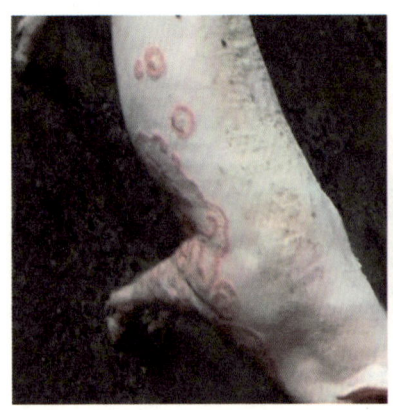 

不同的败血症与不同的皮肤病，用药的方式差异很大，对症治疗才能快速恢复，具体方案如下：

◆ **物理化学因素**

(1)迅速给猪群采取防暑降温措施，如遮盖遮阳篷，降低猪舍温度，多饮水，水中加入抗应激防中暑的药物，如藿香正气散、维生素C等。

(2)过敏性疾病，肌注地塞米松，缓解过敏症状。

(3)中毒引起的皮肤发红：只有采取预防措施，在饲料中添加优质脱霉剂，才能最大限度地减少霉菌毒素的蓄积中毒。冬季圈舍取暖时，细心留意燃烧物是否燃烧充分，避免一氧化碳中毒等。

◆ **生物性因素**

(1)体表寄生虫：可用双甲脒兑水驱虫(一般一瓶10毫升兑水2.5升)。

(2)血液寄生虫：弓形体和附红细胞体的传播媒介主要是蚊蝇、犬猫、鸟类等，因此必须做蚊蝇驱杀和消毒工作。可使用蚊蝇香驱赶蚊蝇和过硫酸氢钾消毒。

（3）净化血虫：用药多西环素+磺胺氯哒嗪钠+青蒿素，连续拌料7～10天。

（4）贫血：恢复期需要注射生血素。

◆ **传染病因素**

（1）对于猪瘟、圆环病毒病、蓝耳病等烈性病毒病，尚无特效药物。主要以科学免疫防疫为主，对于蓝耳病还可以定期地净化保健。可选用清温解毒散+扶正解毒散+泰万菌素，连续拌料2～3周（泰万菌素拌料一周后撤除）。

（2）猪丹毒：丹毒菌对青霉素类药物敏感，故肌注大剂量青霉素+链霉素+安乃近，另一侧注射布他磷注射液，提高机体免疫力和抗病力，综合治疗。

（3）链球菌：对于败血性链球菌疾病，一侧注射头孢噻呋+氟尼辛葡甲胺，另一侧注射磺胺间甲氧嘧啶钠，然后配合清热解毒的拌料辅助治疗。

（4）葡萄球菌：加强饲养管理，防止外伤感染。发病后及时隔离，使用阿莫西林抗菌消炎，配合过硫酸氢钾进行带猪消毒，涂抹红霉素软膏或者使用除赖灵，来改善皮肤机能状态。

（5）猪痘：尚无特效药。治疗时以抗病毒、提高免疫力和防止细菌感染为主。针剂用黄芪多糖+头孢噻呋，拌料以清热解毒的板青颗粒为主，配合电解多维提高免疫力，结痂处涂抹紫药水。

（6）坏死杆菌：用0.1%的高锰酸钾清洗患伤部位，除去坏死组织，涂抹紫药水。注射磺胺类药物。

（7）玫瑰糠疹：发病部位用高锰酸钾擦洗。肌肉注射地塞米松（一般不超过3次）和维生素C。一般会自然康复。

 # 如何减少圈舍蚊蝇

每年夏季，苍蝇、蚊子都会大量滋生，尽管蚊子、苍蝇不属于寄生虫病的范围，但是造成的损失不比寄生虫病少，所以也要把它们按寄生虫来对待。

苍蝇是消化道病的主要传播媒介。蚊子是乙脑和附红细胞体的传播媒介，乙脑会造成母猪流产，附红细胞体会造成母猪反复高热，从而造成很大损失。猪场解决蚊蝇的办法很多，一般常用的办法是在舍内喷杀蚊蝇药物，但这些办法并不能从根本上解决蚊蝇问题。要想彻底解决这一问题，还得从以下下几个方面入手。

◆ 猪场蚊蝇的解决方案

1. 及时清理粪便

(1)由于粪便是蚊蝇的主要繁殖场所，猪粪需要每天清，收集到化粪池中。有条件的养殖场每天将产出的猪粪进行发酵处理，杀死可能在粪便中存在的虫卵。

(2)在死水中下打虫药以便控制产生蚊子虫卵的场所，使蚊子在成虫前被杀死。猪场周边尽可能减少死水坑。

2. 饲喂药物

在饲料中加入环丙氨嗪(每吨饲料添加100克)，对粪便中苍蝇的幼虫有很好的杀灭作用。不建议给母猪料内添加。可以在圈舍内猪够不到的地方放置苍蝇药。

3. 喷洒药物

用高效氯氟氰菊酯制剂喷雾,在圈舍无死角喷洒,喷洒的原则是墙面湿透,这样灭蝇的效果才会更好。

4. 物理控制

(1)可以在窗户上钉纱窗,以减少蚊蝇进入养猪场的机会。但是对于夏季降温措施差的圈舍,不建议安装纱窗,因为安装后可能会影响空气的流动,导致猪群热应激加剧。

由于蚊子主要是夜间行动,可以白天卸下纱窗,晚上再安装上,这样既满足白天正常的通风,到晚上不需要大量通风时,又可以挂起来挡蚊子。

(2)平时需要及时清理周围的杂草,消除蚊蝇的藏身之处,以控制其数量。必要时,可以配合打虫药喷洒。

5. 其他方法

可以用风油精5毫升加入100毫升白酒兑水20升,每天整栋猪舍带猪喷洒,可以有效减少蚊子叮咬,还可以起到降温解暑的效果。

艾草种植地区,可以用燃烧艾草的方法驱蚊子,还能起到净化空气的效果。也可以在晚上圈舍内外使用高科技产品防蚊(紫外线灭蚊灯、仿生灭蚊器、光触媒灭蚊器等)。

◆ 猪场蚊蝇的危害

1. 传播各种疾病

(1)由于蚊蝇来自脏地方,能黏附多种细菌,因此是许多猪疾病的传播媒介。

(2)猪场蚊蝇过多,会导致猪感染伪狂犬病、布氏杆菌病、附红细胞体病、猪乙型脑炎、球虫病、钩端螺旋体病等疾病,严重时会给养猪场带来损失。

2. 影响猪的生长

(1)蚊蝇会影响猪的正常生活,特别是在晚上,被蚊蝇骚扰的猪往往不能很好地生长,因为它们没有得到很好的休息。

(2)蚊蝇通常会咬猪,使猪出现贫血、过敏、红肿等症状,同时也会降低其抵抗力,然后给疾病入侵的机会。

治疗方案

猪只身体若发生小量的蚊子叮咬,一般不采用治疗方案。严重时需要使用消炎药,可以用阿莫西林针剂或者拌料。涂抹皮肤使用碘伏、白酒或者风油精,也可以用肥皂水清洗。

猪红眼病如何解决

◆ 发病原因

1. 疾病因素

疾病因素包括猪流感、猪瘟、伪狂犬病以及蓝耳病等。沙眼衣原体会造成结膜炎。对这类红眼病,可选用敏感抗生素对症治疗;猪样蓝耳压力大时,同样会多发红眼病,压制蓝耳是必要工作。

2. 猪舍环境

冬季猪舍氨气浓度高时容易出现红眼病。氨气具有很强的刺激性,猪舍内氨气含量过高会直接对眼结膜产生较强的刺激性。氨气味强烈刺激上呼吸道及周边部位产生充血和炎症,间接导致红眼病。

3. 饲料因素

严禁饲喂霉变饲料。霉菌毒素也是引发肉猪"红眼病"的一大元凶，霉菌毒素对猪群的危害很大，"红眼病"只是冰山一角。严格管控饲料质量，杜绝霉变饲料的使用。

4. 药物因素

长时间增加药物伤肝伤肾，免疫力下降。药物过量使用会造成毒素蓄积，损害最大的就是猪的肝脏。眼为肝窍，猪"红眼病"与动物肝脏"中毒太深"、功能受损有很大关联，"红眼"即是肝火过旺的重要外在体现。

◆ **防治措施**

猪红眼病，要根据不同的致病因素，来采取更有针对性的防治措施。不同原因诱发的红眼病，需采取不同的措施来进行治疗。

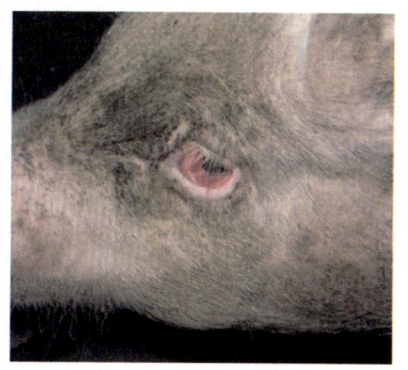

日常要用没有刺激的消毒液对空气进行消毒，如过硫酸氢钾。禁止用刺激性强的消毒药带猪消毒，如火碱水。

平时避免对眼睛的各种刺激(如电焊在猪舍作业)，消除病原。冬季圈舍做好通风换气，降低猪舍内氨气等有害气体的浓度，降低氨气也可以采用烟熏等方式。

◆ **治疗措施**

化脓性结膜炎用青霉素眼药水(或红霉素软膏)点眼，每天2~3次。

每吨饲料里添加清瘟败毒散1.5千克、肝胆颗粒400克，以及10%的强力霉素0.5千克预防，连续10天。

饮葡萄糖+维生素C，连续10天。

建议：母猪饲料中每吨添加优质复合脱霉剂0.5千克，长期使用。

 # 猪耳朵肿如何处理

养殖生产中,经常遇到猪耳朵肿大得像气球一样,一般发生在仔猪阶段。仔猪耳朵肿大要及时处理,防止出现感染的情况。仔猪耳朵肿大有三种原因,需要刺破肿包观察里面液体的性状来判断。

(1)如果是血水,是因为血肿引起的。

(2)如果是淋巴液,是因为淋巴液外渗引起的。

(3)如果是脓水,是蜂窝织炎引起的,也是最常见的一种。

前两种的形成主要是仔猪转群、混群时撕咬等机械性损伤导致的,仔猪的内外侧皮下组织脆弱,拉伤后导致血液和淋巴液渗出到皮下。

后一种主要是链球菌特别是溶血性链球菌所致,其次是葡萄球菌。有一个误区就是,平时一说蜂窝织炎,大家都只说是葡萄球菌,其实链球菌才是主要的病因。细菌在疏松结缔组织内,形成急性弥漫性化脓性炎症,才最终形成猪的耳朵肿大。

◆ 临床区别

一般情况下,血肿和淋巴液外渗这两种原因引起的耳朵肿大不会影响行动、采食等,但是蜂窝织炎除了耳朵肿大之外,还有一些其他症状。局部的主要症状是肿胀、疼痛、发热、组织坏死和化脓等;全身症状可能有体温升高、精神不好、食欲不佳、白细胞增多等,有些严重的会有败血的症状。

治疗方案

(1)用碘酊涂抹擦洗患处。

(2)在肿包的耳尖偏下最边缘切开一个小口,开口的地方要在整个肿包的最低处(有利于积液排出)。

(3)挤净血水、脓水后,在500毫升生理盐水中加入400万单位青霉素,用不带针头的注射器把生理盐水从切口处挤入肿包中,清洗肿包的内部,反复2~3次。

(4)在切口处撒一点青霉素粉。

(5)用较好的抗生素如头孢喹肟、头孢噻呋钠混悬液等给仔猪注射,加快炎症消除。

◆ 总结

尽量减少仔猪的外伤,伤口是病菌入侵的一个重要途径。同圈猪的整齐度要高,饲料营养均衡,防止出现咬仗的现象。清扫猪舍时要仔细观察,不能有容易划伤猪的铁丝、利物等。一旦发现伤口,及时用碘酊消毒,可少量注射抗生素。

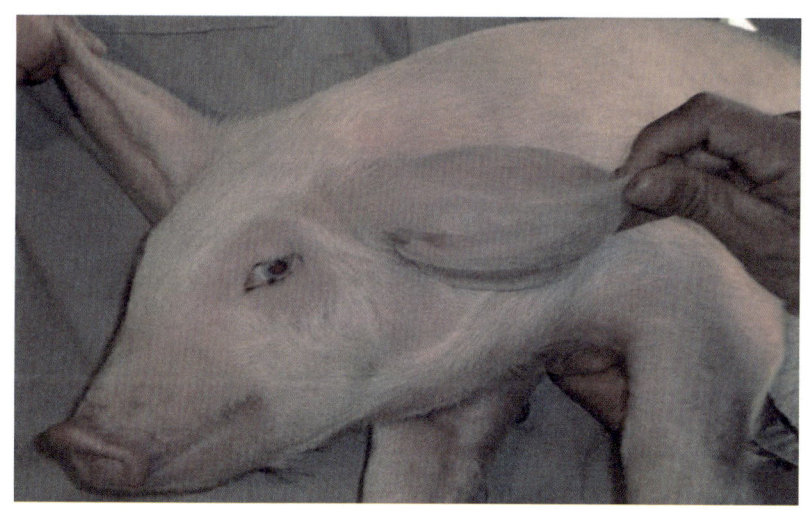

 # 猪脖子起包如何处理

◆ **脖子起包的原因**

猪脖子上起大包或是硬疙瘩，很多时候都是因为养猪人给猪打针导致的。正常情况下，按照标准给猪打针不会对猪产生影响，当猪的脖子上起大包，就需要考虑打针的操作是否规范，有可能是针头选择不当，也有可能是技术员操作不当，导致针头只扎到了猪的脂肪层，并没有到达肌肉层，从而使药物堆积在脂肪层，猪无法吸收，也就出现了起包的情况。

这种情况下，给猪注射的药物或疫苗不会发挥药效，需要在猪脖子另一侧进行补打针剂。

猪感染脓肿性链球菌也会在额下、颈部或者背部其他部位出现鼓包的情况。建议养殖场做好圈舍的清净和消毒工作，从而减少链球菌的发生。当猪只起包时，应该如何处置？

◆ **肿包无脓液**

先用手轻轻按一下肿包，如果肿包内无液体，表面也没有白点，那么可以在猪肿包处涂抹鱼石脂膏，每天擦两次，直到症状消失。注意涂抹药品前要先将猪皮肤进行清洗和消毒，可以使用碘伏或者高锰酸钾对猪的皮肤表面进行清洗消毒。

◆ **肿包有脓液**

如果猪脖子起包，且用手按一下里面有流动液体，那么应该先用干净无菌的注射器将肿包里的脓液抽出，然后在脓包中填充适量的青霉素粉剂，避免猪出现继发性感染。

◆ 猪用针头选择要求

仔猪用大号针头时,针眼较大,容易造成出血和感染;大猪用小号针头时,推药缓慢,注射较浅,容易打到脂肪层形成肿包。给猪打针之前,需要根据猪不同的生长阶段进行针头选择:

20日龄内的猪,选择7号针头;20~40日龄的猪,选择9号针头;40~90日龄的猪,选择12号针头;90~150日龄的猪,选择14号针头;150日龄以上的猪,选择16号针头。

为了方便养殖户记忆,可采用另一种针头选择:

单吃奶水时使用7号针头;开吃教槽料时用9号针头;换吃保育料时用12号针头;换吃仔猪料时用14号针头;100千克以上猪用16号针头。

猪腿肿胀如何处理

猪腿部关节肿胀会影响猪的正常行动,影响猪的生长速度,严重的会转变为消耗疾病,造成僵猪。最常见的导致猪关节肿胀的原因是关节炎型链球菌和浆膜炎型副猪嗜血杆菌。

◆ 链球菌

链球菌的一般表现是关节部位肿大,这时候病猪肿大的关节处或者关节腔中充满了脓性液体,这属于炎性反应。用手触摸可以感觉到热的软的情况,就是受到了链球菌感染。

治疗方案

青霉素+地塞米松+安痛定；林可霉素+安痛定。

另一侧搭配磺胺的效果更好，特别严重的可以划开关节脓肿的地方，把脓液放出来，用生理盐水去冲洗，再搭配涂抹青霉素药物，这样综合起来治疗效果会更好。

◆ 副猪嗜血杆菌

副猪嗜血杆菌主要临床症状为消瘦、炸毛、关节炎、贫血、关节肿大，而且是两个关节同时肿大。副猪嗜血杆菌导致的关节肿大，用手摸是硬的、冷的。

在治疗关节型副猪嗜血杆菌病时，可以选用头孢噻呋和恩诺沙星，对治疗副猪嗜血杆菌有效果，但是要注意副猪嗜血杆菌要早发现早治疗，才能起到良好的效果。建议治疗时配合卡巴匹林钙，它能够止痛、退热，有利于猪快速康复。

◆ 区别链球菌和副猪的肢蹄肿胀

（1）副猪嗜血杆菌可能导致整个肢蹄上部肿胀，链球菌主要体现在关节肿大。

（2）副猪嗜血杆菌多发于双腿对称性肿胀，链球菌则有所不同。

（3）副猪嗜血杆菌关节内的积液是清亮或微黄的浆液性纤维蛋白渗出物，触之体温不升高，手捏疼痛感剧烈。链球菌肿大，积液为脓汁，且呈初期坚硬、后期变软和温度升高的变化。

（4）对肿胀的关节解剖，可发现副猪嗜血杆菌多是胶冻样分泌物，而链球菌是脓样分泌物，有时可发现有黄白色奶酪样块状物。

（5）副猪嗜血杆菌是革兰氏阴性杆菌，而链球菌是革兰氏阳性球菌，二者的敏感抗生素大不相同。

◆ **滑液支原体**

猪滑液支原体关节炎是由呼吸道、飞沫传播,但并不引起呼吸道症状,该病原侵入易感动物的关节,导致其肿胀、腿瘸、关节肿大等症状。患病猪表现出不愿意站立或者短时间站立,只要站立就会有明显疼痛感。

对支原体敏感的药物有替米考星、林可霉素、泰妙菌素等,使用后24~36小时可以见到明显的症状改善,继续使用1～2天即可治疗好猪的病症。

◆ **机械损伤**

对于圈舍地面比较滑和坡度比较大的养殖场,尤其是猪群出现打闹时,容易出现肢蹄机械损伤。机械损伤更多地表现为前蹄的肿胀跛行。治疗时,首先应该单圈护理腿瘸猪,同时用人用的跌打损伤药外喷,每天5次,连续5天。

猪萎缩性鼻炎

猪萎缩性鼻炎又称传染性萎缩性鼻炎,是以猪鼻甲骨萎缩为特征的慢性接触性传染病,发病因素主要是支气管败血波氏杆菌和产毒多杀性巴氏杆菌。猪萎缩性鼻炎一年四季均可发生,但是气候突变、降雨、圈舍潮湿不清洁更容易发生。

◆ **临床症状**

最初表现为明显的鼻炎症状——打喷嚏、咳嗽、打呼噜,鼻腔流出少量浆液性或脓性分泌物，严重时表现流鼻血。病猪由于鼻子不舒服，出现拱地行为，并且伴有流泪，以致在内眼角下的皮肤上形成灰色或黑色的泪斑。

发病后，少数可以自愈，但多数猪的鼻甲骨会出现萎缩变化，猪的鼻腔变得短小或者偏向一侧。病猪生长迟缓，饲料转化率较低。

◆ **诊断特点**

喷嚏、流鼻血、泪斑、鼻骨变形是萎缩性鼻炎的主要特征。由于萎缩性鼻炎发病的猪只具有传染性，所以发现病猪后，需要立即全群投药预防。

单纯的萎缩性鼻炎死亡率不高，但是如伴有其他呼吸道疾病，如支原体感染、蓝耳病或者传染性胸膜肺炎，可能会加重病情，严重的会出现死亡。

治疗方案

一侧注射复方磺胺间甲氧嘧啶钠，另一侧注射氟苯尼考注射液，每天2次，连续3~5天。

滴鼻卡那霉素+地塞米松，或者复方磺胺间甲氧嘧啶钠+地塞米松。

萎缩性鼻炎全群药物预防方案：每吨饲料中加入复方磺胺间甲氧嘧啶钠1千克、恩诺沙星1千克，连续拌料7天。

猪萎缩性鼻炎的封闭治疗方案：利多卡因2毫升、生理盐水7毫升、氢化可的松1毫升、青霉素320万单位混合待用。稀释步骤是先用生理盐水稀释青霉素,再与氢化可的松和利多卡因混合,或者用生理盐水混合利多卡因和氢化可的松后再溶解青霉素,不能用利多卡因直接溶解青霉素,否则会成为胶冻状。

注射方法:将以上正确混合的药液吸入注射器后,先用12号注射针头在两鼻孔的外侧的皮肤皱褶处的肌肉内平刺2~3厘米,缓慢推药,同时将注射针头缓慢退针,边退针边推药,一侧注射5毫升,另一侧按照同样的方法和剂量注射,1次/天,一般情况3天痊愈,注射的剂量可根据鼻骨变形和歪斜的程度适当增减用量和注射次数。

猪脱肛如何治疗

导致猪脱肛的因素有很多,当猪运输挤压时突然咳嗽,腹压增大,而腹压的唯一释放途径就是肛门,容易造成脱肛;当饲喂霉菌毒素超标的饲料时,会导致直肠肿胀,严重者容易脱肛;猪长时间便秘或者长时间腹泻时,容易造成脱肛;包括冬季圈舍地面过凉、激烈咳嗽、过度用抗生素等都会增加猪脱肛的概率。

◆ 缝合方法

1. 症状较轻的猪

(1)用温热的5%的明矾水或者高锰酸钾水,调配消毒液。

(2)洗净脱出的肠管,再提起猪的后腿并固定,慢慢送回腹腔。

(3)在肛门上下左右四点注射95%的酒精,每点2~3毫升,用绳索吊

起猪后腿,使其前脚着地,后半身离地。

(4)保定20~30分钟,猪的应激反应减弱,即可放入单圈隔离饲养。

2. 症状严重的猪

(1)首先用消毒水把针、线、剪刀、手术用具和手臂以及肛门所脱出的部位进行清洗消毒。

(2)如果有水肿,需要将脓水挤出,溃烂部位清洗干净,轻轻送入肛门内,然后缝合。

(3)手术后用地塞米松或者青霉素对后海穴注射,进行消毒杀菌,并且隔离饲养,正常3~5天内会恢复正常。

缝合方案

1. 准备材料

保定绳套、缝合针、缝合线、剪刀、手术刀片、手术手套、生理盐水、注射器、抗生素、碘酒。

2. 操作步骤

把猪绑定后,辅助人员辅助操作,手术者戴上手术手套,准备开始工作。

(1)剪溃:如果脱出时间较长,已肿胀或破溃时,用消过毒的剪刀小心剪去破溃部分,但不能剪深,以防剪破肌肉层;或用消毒针刺破肿胀黏膜,放出水肿液,再用5%的明矾水涂抹脱出部分(起收敛作用),或用青霉素粉撒布。

(2)送入:用一只手的手指肚把脱出的直肠从肛门一点一点往里送,另一只手保护,以防送入的部分再脱出,全部送入后,用手捏住肛门,或用手掌轻轻揉动肛门。

(3)缝合:对于脱出不太多或轻度水肿的猪只,用双股粗缝合线(10号~12号)穿过肛门中部缝一针打结。脱出面积较大,水肿严重的,用袋状缝合法(也叫荷包法)。

荷包缝合法是指在组织表面,以环形连续缝合一周,结扎时将中心内翻包埋,表面光滑,有利于愈合。本法常用于胃肠道小切口或针眼的关闭、阑尾残端的包埋、造瘘等。用此方法缝合,线不能收得太紧,要留一个手指粗的孔,以便猪只排粪。肛门缝合后,要注意排便情况,以免发生意外。

(4)拆线:患猪术后用青霉素或磺胺类药物肌肉注射2～3次。缝合后5天即可拆线。

注意事项

(1)缝合时,当手术针扎入猪的皮肤,如果猪挣扎的话,要立马松开缝合针,等猪只稳定后继续缝合。

(2)荷包缝合后,要对手术猪及时观察护理。

(3)脱肛非常容易复发,对发生2次以上脱肛的猪只,无饲养价值要进行淘汰处理,出现过脱肛的母猪不宜继续留作种用。

(4)合理饲喂,减少各种应激,夏季注意降温,冬季注意保暖,坚持猪舍干燥清洁,不饲喂发霉饲料。

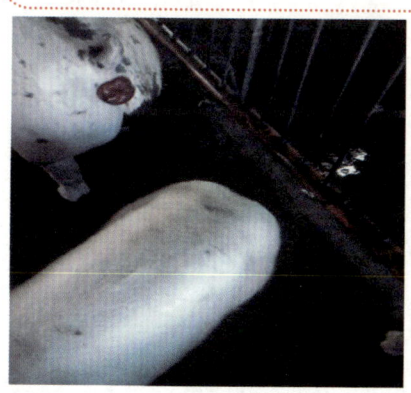
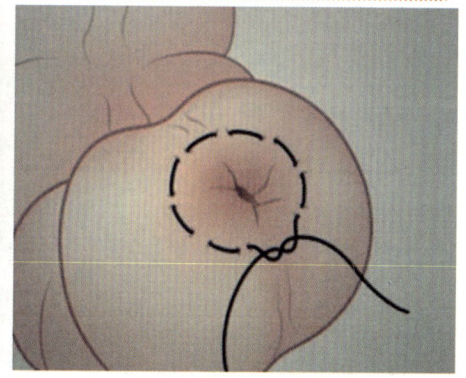

猪脐疝如何处理

猪脐疝是腹腔脏器通过闭合不全的脐孔进入皮下的现象，脱出的脏器常为小肠和内膜。多发于仔猪阶段，与先天遗传有一定关系。

◆ **发病因素**

脐孔闭合不全、腹壁发育缺陷、脐部化脓、断脐不正确，以及遗传因素，都可以引发猪脐疝病。

◆ **临床症状**

猪的疝气可分为可复性疝和嵌闭性疝。可复性疝是最常见的疝气，是指脐部出现局部性球形肿胀，肿胀一般没有红、肿、痛的炎症特征，按压柔软，囊无大小不一，小的一般只有乒乓球大小，大的有的甚至可以下垂到地面。病初多数能在改变体位时将疝的内容物还回腹腔，仔猪在饱腹或者挣扎时，脐疝会肿得更大。如果肠管与疝囊或皮肤发生粘连时，伴有全身症状。

嵌闭性疝是指肠管不能自行恢复，病猪表现不安，腹部疼痛，食欲废绝，呕吐，后期排便停止，体温升高至39～41℃，疝囊较硬，有热痛感。若不及时治疗，可发生肠管阻塞或者坏死。

可采取保守疗法和手术疗法。

对于疝轮较小的仔猪，可用

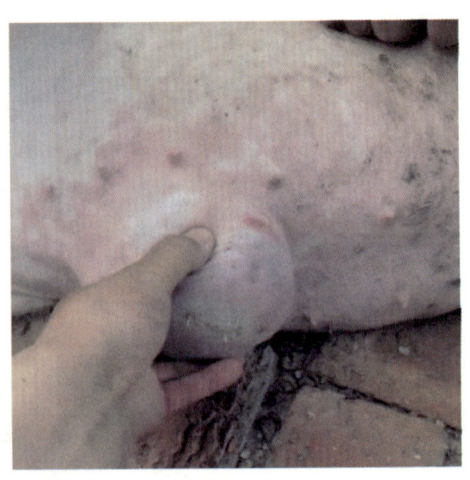

压迫绷带或在疝轮四周分点注射95%的酒精，每点1～5毫升，以促进局部发炎增生而闭合疝孔。

最好的疗法是手术根治。术前停食1天，局部剪毛消毒，仰卧保定。局部麻醉，无菌操作，麻醉时，用0.5%的盐酸普鲁卡因注射液10毫升，局部皮下直线浸润麻醉；消毒方面，用碘伏消毒脐疝部位，用75%的酒精消毒操作手术刀等设备。然后，纵向把皮肤提起切开，公猪避开阴茎，不要切开腹膜，把疝内脱出物还纳入腹腔，用纽扣状缝合疝轮，结节缝合皮肤，撒布青霉素消炎药，加强护理1周，7～10天拆线。

在手术中，若发现肠管、腹膜、脐轮、皮肤等发生粘连，要仔细剥离。若肠管已坏死，可切除坏死部分肠管；若疝脐孔过大，必要时可进行修补手术。术后应加强护理，不宜喂得过饱，应限制剧烈活动，防止腹压过高，术后可用绷带包扎，防止伤口感染。

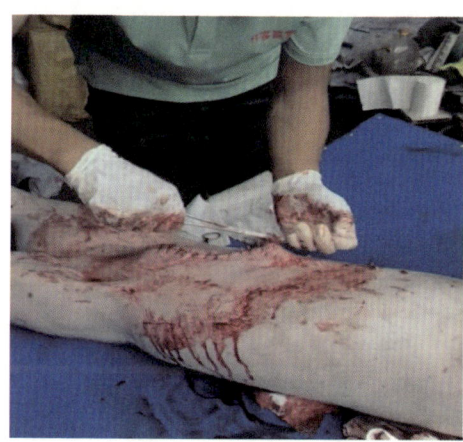
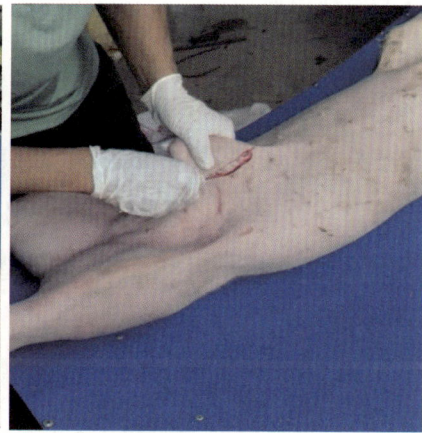

霉菌毒素中毒

当猪食用了霉菌毒素超标的饲料(包括麸皮、玉米、豆粕等)会导致霉菌毒素中毒。常见的霉菌毒素有黄曲霉毒素、玉米赤霉烯酮、呕吐毒素等。

◆ 霉菌毒素的危害

霉菌毒素中毒可以导致猪只呕吐,新生仔猪八字腿,新生小母猪水门红肿。黄曲霉毒素超标可导致新生仔猪身体有黄色包膜,育肥猪脱肛,母猪流产死胎,猪只出现免疫抑制,甚至中毒死亡的现象。养殖生产中,轻微的霉菌毒素中毒比较多见,主要是母猪多表现为严重的眼屎泪斑,身上出现出血点。

◆ 预防为主

首先拒绝给猪饲喂霉变饲料。霉菌毒素主要是预防为主,因为治疗霉菌没有特效药,已经霉变的饲料即使添加脱霉剂,效果也是不明显的。笔者遇到过一个猪场,饲料在库房放了一年,明知道配合饲料已经明显变味,依然坚持给育肥猪喂,结果造成大面积猪死亡。

治疗方案

(1)全群拌料:肝胆颗粒+扶正解毒散。

(2)全群饮水:葡萄糖+维生素C。

(3)灌服:10%的硫酸镁(或硫酸钠)溶液500~800毫升。用法:一次灌服。

(4)静脉:10%的葡萄糖注射液500毫升,10%的樟脑磺酸钠10毫升,维生素C 10~20毫升。用法:静脉注射,每天1次,连续3~5天。

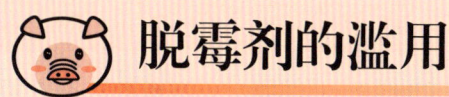

脱霉剂的滥用

　　脱霉剂是养殖生产中常用的产品,但是现实中有很多人不用脱霉剂,或者不会用脱霉剂,错误的认为脱霉剂是没有明显效果的。

　　常规饲喂脱霉剂,是养殖非常重要的环节,包括玉米和麸皮在内的很多原料,在高温高湿季节都容易出现霉菌毒素超标,但是肉眼看不到霉变的时候,很多养殖者武断地认为不用脱霉,或者不敢长期脱霉,这是错误的观点。

　　最常见的霉菌毒素有黄曲霉毒素、玉米赤霉烯酮、呕吐毒素、T-2毒素等。不同的脱霉剂,对霉菌毒素的降解度也是不一样的。

◆ 脱霉剂的种类

种类	代表	优点	缺点
矿物质类	蒙脱石	原理:物理吸附,对黄曲霉毒素吸附效果好; 原料成本低	对玉米赤霉烯酮、烟曲霉毒素等多数霉菌毒素吸附效果差,吸附无选择性,同时会吸附饲料中的维生素和矿物质
酵母细胞壁	甘露聚糖	原理:化学吸附是矿物质类脱霉剂吸附能力的3～5倍,几乎不吸附饲料中的营养物质	虽然可以吸附大多数的霉菌毒素,但并不能吸附所有霉菌毒素,如对小分子黄曲霉毒素的吸附就不如矿物质类
分解酶类	黄曲霉毒素分解酶、葡萄秧氧化酶	酶有很强的选择性,会有针对性地分解一些霉菌毒素	现实生产中稳定性比较差,对高温非常敏感,极易失活。同时,成本偏高

种类	代表	优点	缺点
防腐剂类	丙酸等多种成分组合	一般饲料场选择使用，从而使饲料在一定时间内延长保存时间	对已经产生的霉菌毒素没有任何作用，养殖场用没有意义
中草药类	主要是栀子、大黄、茵陈、黄连的组合	可以长期添加；主要原理是清热解毒，保肝护肾，从而提高肝脏的解毒功能，来达到解毒功效；配合其他种类脱霉剂使用更好	不能直接解除饲料内的霉菌毒素，霉菌毒素进入肠道时对身体就有伤害。因是伤害后再修复，中药类脱霉剂必须配合其他类型脱霉剂使用效果才会更好
复合制剂	一般为矿物质类、甘露聚糖、霉菌毒素分解酶的组合	可以结合各种脱霉剂的优缺点，组合后的复合制剂脱霉效果更佳，明显优于单一的脱霉剂	对已经有霉菌毒素中毒症状的猪体没有缓解和修复作用
新型生物类		复合脱霉＋解毒＋补充双维（维生素和微量元素）的原则，是养殖场母猪群体选择的最佳防控霉菌毒素的方案	

◆ 总结

各种脱霉剂都有自己的优缺点，所以新型脱霉剂更适合，成本也是在可控范围内，建议母猪脱霉方案：改性的蒙脱石+甘露聚糖+中草药类

+维生素和矿物质补充为原则的优质脱霉剂；育肥猪脱霉方案：改性的蒙脱石+甘露聚糖+维生素和矿物质为原则的脱霉剂，或者使用复合类脱霉剂。

注意事项

单纯蒙脱石类脱霉剂肯定不是最好的，但没有蒙脱石类的脱霉剂对黄曲霉毒素吸附效果又不佳。所以应选择新型蒙脱石，同时注意营养的补充。

 细菌病与病毒病的不同

◆ **病原的不同**

猪细菌性疾病的病原是细菌，猪病毒性疾病的病原是病毒。病毒是极其微小的生物体，细菌比病毒大了许多。

◆ **发病的病程不同**

猪细菌性疾病的病程一般较短，发病急。猪病毒性疾病的病程一般较长，需要潜伏一周左右发病。细菌性疾病中，如链球菌往往突然发病，但是只要准确治疗很快就会康复；病毒性疾病如传染性胃肠炎，发病后再好的药物也只能是加强护理，一般需要持续3~7天才会好转。

◆ **致死性不同**

猪细菌性疾病一般会造成猪只死亡；猪病毒性疾病一般很少造成猪

只死亡,但由其引发的并发症往往是致命的。如猪单纯感染圆环病毒不容易死亡,一旦圆环病猪出现并发症(如引发副猪嗜血杆菌),就大大提高了死亡率。

◆ 病猪发病数量不同

猪细菌性疾病的发病数量一般少,不集中;猪病毒性疾病的发病数量一般较大,并快速扩散。如猪感冒往往是个别的,流感往往是全群的;仔猪黄白痢往往是个别的,仔猪胃肠炎往往是全群的。

◆ 发病猪体温变化不同

猪细菌性疾病发病猪体温一般较高,张弛热型;猪病毒性疾病发病猪体温一般稍高,稽留热型。

◆ 死亡猪的体况不同

猪细菌性疾病发病死亡猪的体况一般较肥;猪病毒性疾病发病死亡猪的体况一般较消瘦。比如:急性传染性胸膜肺炎死亡的猪只一般体况较肥;圆环病毒(伴随并发症)死亡的猪只一般体况较瘦。

◆ 病猪病变特点不同

猪细菌性疾病的病理变化一般脓性、炎性渗出物居多,猪病毒性疾病的病理变化一般以充血、出血、坏死灶为主。比如:副猪嗜血杆菌病死猪解剖后有纤维素渗出物;猪瘟病毒病死猪的脾边缘有黑色的坏死灶。

◆ 病猪出血点变化不同

猪细菌性疾病发病猪的出血点变化一般均匀,鲜红色;猪病毒性疾病发病猪的出血点一般点状或斑状,颜色暗。比如:细菌性疾病败血性链球菌病的皮肤为鲜红色败血症;病毒性疾病圆环病导致的皮炎肾病综合征,猪耳朵或者屁股出现的是黑紫色丘疹。

◆ 抗生素使用效果不同

细菌对抗生素敏感,病毒几乎对现有的抗生素不敏感。客观来讲,

所有的细菌性疾病都有对应药物治疗,如猪丹毒选择青霉素,黄白痢选择庆大霉素等。但是,病毒性疾病一般没有特效药物治疗,如猪瘟、口蹄疫、传染性胃肠炎等目前均无特效药物。

为什么说蓝耳病对猪群危害最大

养殖生产中对,病毒性疾病比细菌性疾病对猪群的破坏性大。尤其是蓝耳病对猪场的危害最大,经过对多家猪场的服务总结、猪群检测化验反馈,过去常说的猪瘟对猪群稳定性最关键的话题要过去了,因为大多数猪场对猪瘟的免疫基本都合格。近三年多家猪场出现的仔猪呼吸道疾病严重,甚至死亡率较高,经验测后多数有蓝耳病。

蓝耳病又叫猪繁殖障碍与呼吸道综合征,对种猪的影响主要是繁殖障碍,包括母猪的早产流产、产下死胎、发情不正常等繁殖问题;公猪感染后表现性欲下降,精子活力下降等;对仔猪的影响主要是呼吸道综合征,一般多见于新生仔猪气喘,伴随不吃奶,死亡率非常高。断奶仔猪死亡率虽然比哺乳仔猪低,但是发病猪一般不好治疗。

◆ 解决方案

有条件的地区,养殖密度小的地区,更换母猪群体时,选择蓝耳双阴的猪场引进母猪。选择母猪后,猪群体本着"只出不进的自繁自养"的原则。必要引种时,同样选择蓝耳双阴猪场,回家后隔离半个月二次检测后方可入群。笔者服务的几家猪场,上千头大群生猪养殖,呼吸道压

力的影响明显优秀于同行。

大多数猪场为保证猪群稳定,选择做蓝耳疫苗。做蓝耳疫苗时,使用基因缺失苗的效果明显好于做灭活苗。"母猪做灭活苗,仔猪做弱毒苗"的方案,不是最佳操作。

关于蓝耳病,行业比较流行的是药物压制,但是不是特别理想。建议有蓝耳压力的猪场,即使压制完以后也要进行疫苗免疫。压制的方案可以使用:扶正解毒散+黄连解毒散+泰万菌素。中草药的使用时间需要超过15天效果较好。

到目前为止,还没有蓝耳病的特效药,主要通过接种疫苗进行预防,药物预防作为辅助,严重的建议淘汰处理。蓝耳病除种猪繁殖障碍与仔猪呼吸道综合征的表现,还有高热的表现,外购仔猪最为常见,这里不做解答。

饲料营养篇

营养免疫是猪群免疫的基础，好营养才能早出栏。

 饲料蛋白质含量是越高越好吗

蛋白质含量只是饲料的一个营养参数,并不是蛋白质含量越高就越好。猪需要的是优质的蛋白质,即组成蛋白质的氨基酸按理想比例组成,并容易消化吸收。有些养殖从业者认为蛋白质含量越高越好,这是一种错误的观点。主要体现在以下三点:

第一,根据现代的动物营养学研究,动物对饲料中的营养成分需求是有一定比例的,某种营养成分过多反而不好。

第二,决定动物生长速度的因素,不是饲料中加了多少蛋白质,而是动物吸收了多少。蛋白质含量高不等于蛋白质利用率高,这是两个概念。

第三,高比例的不容易消化的蛋白质,反而会造成动物的消化道疾病和免疫力低下,所以,饲料配方中的蛋白质不是越高越好。

养殖生产中,饲料投入占生猪养殖过程中成本的60%以上,是否选择优质的饲料直接决定养殖成功与否。现实中存在的问题与处理方案如下:

◆ **低价值蛋白源滥竽充数**

低价值的蛋白源可以提高饲料蛋白质含量,但很难被养殖动物吸收。对于观念落后的养殖户而言,改变长久以来被灌输的"蛋白质含量论"显然不是一朝一夕的事情,而一些企业也正是看到了这点,继续以高蛋白质作为抢占市场的利器。高蛋白质低价格的饲料往往加入了大量的低价值蛋白源,这些蛋白源大多氨基酸不平衡,或者氨基酸的消化利用率很低,造成饲料消化利用率低。

◆ **以养殖效果评判饲料好坏**

养殖从业者主要可以参考以下特点来判断饲料的好坏:饲料的感观

光泽如何、饲料的气味料香如何、产品发不发飘、饲料适口性好不好、猪粪便多不多、猪出栏压不压秤，以及市场反馈等。

客观来讲，市场上的饲料原料很难做到"降本增效"，提高效益的最好方法就是"肥猪长得快、母猪产能好、猪群疾病少"。养殖从业者既要评估产品的价格，更要评估出栏猪的体重，也就是饲料的性价比要最佳。

◆ **拓展粗蛋白质来源**

1. 动物蛋白源

鱼粉：作为养殖动物的优质蛋白质原料，进口鱼粉的粗蛋白质可达60%，国产鱼粉的粗蛋白质一般在35%～55%。鱼粉中氨基酸如蛋氨酸、赖氨酸、色氨酸含量丰富，鱼粉中含有较大的不饱和脂肪酸，且消化率高，同时也是良好的钙、碘、硒等矿物质来源。此外，鱼粉中B族维生素含量高，尤以维生素B_2及维生素B_{12}含量丰富。鱼粉可以提供良好的蛋白质及必需氨基酸，可促进生长，改善饲料利用率，但是在饲料配方中使用鱼粉来提供蛋白质成本会提升。

肉骨粉：用动物屠宰后不宜食用的下脚料，以及肉类罐头厂、肉品加工厂等的残余碎肉、内脏杂骨等为原料，经高温消毒、干燥粉碎成粉状饲料。因所用原料不同，质量差异较大。蛋白质含量在20%～50%，容易变质，导致原料质量不稳定。由于非洲猪瘟的存在，不建议饲料厂添加。

血粉：粗蛋白质含量高达80%～93%，但是血粉所含氨基酸很不均衡，赖氨酸含量高，但蛋氨酸、精氨酸含量低，异亮氨酸含量几乎为零，钙、磷含量很低。血粉虽然蛋白质含量比较高，但是养殖动物的吸收率是比较低的，甚至比某些植物蛋白质的吸收率还低。由于非洲猪瘟的存在，不建议饲料厂添加。

羽毛粉：羽毛粉中含粗蛋白质80%～85%，远远超过鱼粉的含量。

但是其品质特别差,氨基酸组成不平衡,缺乏赖氨酸、蛋氨酸、色氨酸、组氨酸等,因此,羽毛粉蛋白质生物学效价较低,加上适口性差,只能作为蛋白质提升的补充原料,必须与其他动物性或植物性蛋白质饲料搭配使用才能获得合理的饲喂效果。一般优秀的饲料厂家不会添加羽毛粉。

2. 植物蛋白源

豆粕:很好的植物性蛋白质饲料原料,一般的豆粕粗蛋白质含量在40%~45%,氨基酸的比例比较合理。豆粕多年来一直作为平衡配合饲料氨基酸需要量的蛋白质饲料被广泛采用。缺点:国内豆粕紧缺,大量依赖进口,价格波动比较大。

菜籽粕:菜籽粕粗蛋白质的含量在37%~39%,但是粗纤维含量比较高,达到18%以上,属于低能量蛋白质饲料,其氨基酸中赖氨酸、硫氨基酸、色氨酸、苏氨酸等必需氨基酸也都能基本满足水产养殖动物的营养需要量。由于其含有有毒物质(芥子苷),未经脱毒处理的菜籽饼在饲料中添加一般控制在5%左右。

棉籽粕:由于榨油工艺不一,所以其粗蛋白质含量有较大的浮动,在38%~50%之间。蛋氨酸、胱氨酸含量比较高,但是赖氨酸含量太低。因棉籽粕中含有游离棉酚等毒素,只能少量添加,过多添加会影响猪群健康,一般添加量控制在5%左右。

全脂大豆:是用大豆作为原料直接加工成的一种粉状产品。蛋白质含量不低于40%,粗脂肪含量17%~20%,有效能值也较高,不仅是一种优质蛋白质饲料,同时也可作为高能量饲料利用。从氨基酸组成及消化率分析上也属于上品。赖氨酸含量在豆类中居首位。但是全脂大豆低钙高磷,且总磷含量中约60%是植酸磷,因此在饲用时还应考虑磷的补充与钙、磷的平衡问题。

◆ **总结**

判定饲料质量的好坏，蛋白质含量固然重要，可消化氨基酸和能量同样重要，不能单纯因饲料中蛋白质含量高，就判定饲料好。

猪不同阶段的料肉比

顾名思义，料肉比就是指不同阶段的猪长1斤(1斤=0.5公斤)肉需要多少斤饲料。如吃2斤饲料长1斤肉，料肉比就是2：1。

禁止抗生素使用之后，很多饲料料肉比都有所提升。不同品种，不同环境、不同饲料、不同季节，猪的料肉比都有所不同。料肉比相差0.2，养一头250斤的标猪，成本会相差100元。

◆ **导致料肉比高的原因**

(1)猪群体质不好，容易生病，会导致生长速度缓慢，进而提高料肉比。

(2)饲料营养不均衡或是质量太差，导致猪无法从饲料中获取生长所需的营养，也会导致料肉比升高。

(3)猪舍的环境太过脏乱，或是温度不适宜，猪群会出现食欲下降、采食量低的情况，造成饲料浪费，料肉比升高。

(4)猪的品种不行，内三元猪育肥阶段料肉比就要比外三元高。

◆ **猪各个阶段的标准料肉比**

(1)哺乳–断奶(8公斤)的猪：这阶段仔猪一般一窝需耗料5公斤，除吃母猪奶水增长外,一窝猪吃料净增重超过5公斤,料肉比小于1.0：1,饲喂料型为一段教槽料。

(2)8~15公斤的猪:这阶段一般需耗料10公斤,净增重7公斤,料肉比为1.4：1,饲喂料型为二段教槽料。

(3)15~45公斤的猪:这阶段一般需耗料55公斤,净增重30公斤,料肉比为1.8：1,饲喂料型为保育料。

(4)45~75公斤的猪:这阶段一般需耗料75公斤,净增重30公斤,料肉比为2.5：1,饲喂料型为仔猪料。

(5)75~130公斤的猪:这阶段一般需耗料155公斤,净增重55公斤,料肉比为2.8：1,饲喂料型为中猪料。

笔者调查的1000头大群称猪的料肉比:

体重区间	日平均采食量	日平均增重量	料肉比
20~40斤	1.91斤	1.3斤	1.47
40~100斤	3.12斤	1.67斤	1.87
100~150斤	4.7斤	2.13斤	2.20
150~200斤	5.2斤	2.17斤	2.40
200~250斤	6.2斤	2.48斤	2.50

注意事项

以上数据为2022年4月25日于哈尔滨某猪场出炉的大群称猪数据,是在正常配合后的饲料内又加入中草药生物饲料的数据。

多个称猪数据表明,禁抗后,弥补饲料内无抗生素的最佳方案就是加入中草药生物饲料一般会降低0.1~0.3个料肉比。

 # 料肉比相差0.2意味着什么

料肉比相差0.2意味着什么？初入养猪业的从业者在选择饲料的时候一般不会考虑料肉比，仅仅会从价格和口碑上选择饲料。而在使用一段时间，对饲料做过对比之后，有的人会说用贵料和便宜饲料差不多，都需要6个月才能出栏。殊不知，出生6个月140千克的猪叫出栏，出生6个月130千克的猪也叫出栏，6个月长到120千克的猪同样叫出栏，但是效益却相差甚大。

不是说贵的饲料就一定好，但是便宜的饲料往往料肉比高。接下来一起看看，料肉比相差0.2意味着什么，能给养猪人带来什么效益。讨论的料肉比中"料"指的是配合料或者配成后的饲料。

A饲料全程料肉比为2.6∶1，B饲料全程料肉比为2.4∶1。

(1)A、B两种饲料的料肉比仅相差0.2，1吨全价料相差多少钱合理？

1吨配合饲料，两种饲料长肉(1斤=0.5公斤)：

A饲料长肉：2000÷2.6=769斤，B饲料长肉：2000÷2.4=833斤。

同样1吨全价料长肉相差833-769=64斤。

B饲料比A饲料1吨多长肉64斤，乘以市场价8元，等于512元。

相当于B饲料比A饲料每吨可以多卖512元，1吨配合料按20包计算，每包可以多卖25元。假如A饲料市场价180元/包，B饲料就可卖到205元/包。

(2)料肉比相差0.2，浓缩料相差多少钱？

浓缩料的配比一般都在25%，那么1吨全价料里就含有500斤浓缩料。套用上面的公式，就相当于500斤浓缩料相差512元，那么1吨浓缩料相差2048元，1吨浓缩料25包，每袋就相差2048÷25=82元，就相当于B饲料可以比A饲料每包多卖82元。假如A饲料市场价250元一包，B饲料就可以卖到332元一包。

作为优秀的养殖从业者，要了解料肉比，但不是料肉比越低就一定越好，比如遇到两种仔猪保育料：A每天吃2克可以长1.4克肉，料肉比为1.42；B每天吃1.5克长1.1肉，料肉比为1.36。虽然B的料肉比看起来要比A的合适，但是相同阶段饲喂A的仔猪比饲喂B的多长0.3斤肉。这阶段一天多长的0.3斤肉对仔猪后期快速生长的意义很大，两者选择时，要选择A而不是B。

◆ **总结**

当A的料肉比比B的料肉比高时，同时日增重又没有比B的日增重多时，两者比较下，选择饲料B。否则需要综合考虑。

 浓缩料、预混料、全价料的优缺点

按照国家标准，添加比例在10%以下都是预混合饲料，预混料加入蛋白质原料后就是浓缩料，再加入能量原料后就是可以给猪直接饲喂的全价料。三者各有优缺点，玉米主产区更适合饲喂浓缩料；港口豆粕加工地更适合喂预混料；规模场自动料线更适合饲喂全价料。

预混料：主要成分是维生素、氨基酸、矿物质和载体，成本低，原料可控，添加其他有效成分方便。

浓缩料：主要成分是预混料和蛋白质饲料。当豆粕价格较高时，成本可以适当降低，因为准备原料时不需要准备豆粕。

全价料：由预混料、蛋白质饲料、能量饲料经粉碎、混合、造粒等工艺制成，饲喂方便，保存方便，浪费少。

混料　　　　　　　　　浓缩料　　　　　　　　　全价料

◆ 预混料

预混料=维生素+矿物质+氨基酸+载体，需要添加能量饲料和蛋白质饲料才能正常饲喂。

1. 优点

(1)预混料成本相对低。

(2)预混料原料可控，能保证原料生产质量。

(3)在预混料中添加其他有效成分更方便。

2. 缺点

(1)劳动量大，劳动成本高。

(2)原材料需要库存，导致成本增加，资金利用率降低。

(3)散养户很难加入豆油，一定程度上会影响饲料效果。

(4)加入蛋白质原料鱼粉时，容易购买到劣质鱼粉。

◆ 浓缩料

预混料+蛋白质饲料是浓缩料的主要成分，需要额外加入能量饲料

(如玉米)才能饲喂。

1. 优点

(1)豆粕价格较高时,可适当降低成本。

(2)无需准备豆粕可减少劳动量。

(3)猪场可以把握玉米质量。

2. 缺点

(1)成本高于预混料。

(2)一些饲料厂加入不易吸收的蛋白源(如羽毛粉)。

◆ 全价料

全价料=预混料+蛋白质饲料+能量饲料,经粉碎、混合、造粒等工艺制成。

1. 优点

(1)喂养更方便。

(2)节省人员费用。

(3)比粉面料浪费更少。

(4)规模场料线一般只适合使用配合颗粒料。

2. 缺点

(1)饲料成本高于预混料和浓缩料。

(2)饲料成分不可控,低质量的替代物多。

(3)在造粒过程中,由于温度高(70~90℃),酸、酶制剂活性下降80%,木聚糖酶活性下降90%。

豆油在饲料中的作用

豆油作为饲料中重要的营养物质，是养殖生产中必不可少的一部分。对于提高母猪奶水、提高猪只免疫力、促生长、改善猪肉品质有重要作用。

◆ 豆油的营养价值

豆油中含有丰富的不饱和脂肪酸和多种必需脂肪酸，可以提高饲料的营养价值，使猪体内的脂肪酸组成更加合理，增加肌肉的脂肪酸含量，从而提高猪的饲料转化率。

◆ 豆油增加母猪奶水

在哺乳母猪料内适当添加优质豆油(建议饲料厂每吨配合料添加10.0% ~ 12.5%)，会增加母猪奶水，有助于哺乳期间仔猪健康成长。但不建议过多添加，否则会影响母猪健康。

◆ 豆油的免疫调节作用

豆油中富含亚麻酸和 γ - 亚麻酸，可以调节免疫系统，增强猪的免疫力，提高猪的疾病抗性和生长抗性。

◆ 豆油的生长促进作用

添加适量的豆油到饲料中，可以促进猪体内的代谢和生长，改善猪的生长性能，提高猪的饲料利用率，同时也可以促进猪肉的发育，使其更加紧实、有弹性。

◆ 豆油对猪肉品质的影响

豆油中的不饱和脂肪酸可以影响猪肉的脂肪酸组成，使之更加符合人体健康的需要，从而提高猪肉的品质和口感。

总之,猪饲料添加豆油的作用主要是提高饲料的营养价值,增强猪的免疫力,改善猪的生长性能,并对猪肉的品质产生一定影响。但是,在添加豆油时,要注意适量,一般每吨配合料添加8～10公斤豆油为最佳。过多添加,养殖成本会增高,会引发腹泻。

猪对水的需求量

水是生命之源,当然水一定是保证猪只健康生长发育的必需营养。猪体内水占50%～85%,尤其是出生仔猪高达85%～90%,随着年龄的增长,含水量下降,体重达100公斤时,水分一般为50%左右。猪的需水量随体重、采食量、饲料性质和环境温度不同而不同。

◆ 猪对水的需求量

(1)冬季采食饲料干物质的2～3倍或体重的5%左右。

(2)春秋季采食饲料干物质的3～4倍或体重的8%左右。

(3)夏季采食饲料干物质的4～5倍或体重的10%左右。

(4)哺乳母猪每天的饮水量达20升,甚至高达25升以上,才能满足其乳汁的需要。

◆ 引起需水量增加的因素

(1)腹泻时,粪便中的水损失多,动物的需水量增加。

(2)盐和蛋白质的采食量增加引起的过度泌尿会显著增加需水量。比如,奶虽然含水80%,但也是导致机体缺水的高蛋白质和高矿物质食

物,所以仔猪3天就需要补水。

(3)在夏季圈舍温度较高、猪生病发热或者母猪哺乳的情况下,都应增加猪的饮水量。

备注:在10~22℃条件下生长的猪,饮水量几乎没有差异。当温度超过30℃时饮水量会明显增加。

◆ **饮水量不足的后果**

(1)哺乳母猪饮水量不足。母猪采食量下降,泌乳量减少,母猪体重损失大,仔猪断奶重小,尤其是分娩后7天内会使乳汁浓度过高,造成仔猪消化不良,产生腹泻。

(2)仔猪饮水量不足。仔猪生长速度缓慢,发育不良,无法发挥最大生长潜能。哺乳仔猪在出生3天内就要饮水。仔猪在诱食补料期间,采食量很少;但如果不供应饮水,采食量会更少。

(3)育肥猪饮水量不足。这会使消化吸收能力下降,采食量下降,生长速度缓慢,出栏时间延长,成本增加。

育肥阶段,自由采食、自由饮水情况下,水料比平均为2.5左右。空怀母猪每天饮水10升,妊娠母猪每天饮水最低标准为15升,哺乳母猪每天饮水增加到20升以上,公猪每天饮水量可达15升。

◆ **猪充足饮水的方法**

(1)饮用水的给水方式可分为水槽方式、饮水器方式。

水槽方式给水:水质容易被猪只污染,不及时清刷,还可能产生水臭。水槽给水,要经常清刷,以保持水的清洁。

饮水器方式给水:比较清洁,但长期不检查可能会出现因水中水锈过多而发生出水不畅和水质不好的情况。所以一定要及时检查,清理饮水器,保持饮水器水流畅通和清洁。为了给猪充足饮水,对自动器流量的要求是2升/分钟以上。

水嘴高度要求：体重 10 ~ 30 公斤，高出背部 10 厘米；体重 30 ~ 60 公斤，高出背部 15 厘米；体重 60 千克以上，高出背部 20 厘米。

（2）水温对猪的影响。一般猪冬天喜欢喝温水，夏季喜欢喝凉水。夏季如果水的温度高，可影响胃液的分泌，引发腹泻现象；冬季饮水的温度过低，会导致体内消化酶无法正常发挥作用，同样也可引起猪腹泻。

正常情况下，夏季建议水温控制在 10 ~ 15℃，冬季水温控制在 16 ~ 25℃为最佳。仔猪的饮水温度可以适当升高，而母猪的饮水温度可适当降低。

（3）饮水量与采食量、体重呈正相关。但猪每天采食量出现明显不足时，由于饥饿，生长猪会表现饮水过量的行为。

◆ **注意水压**

饮水器中的水压不管是高还是低，都不利于猪群的正常饮水。若水压过高容易呛水，猪不敢长时间喝水，而且水压太高猪群来不及饮用，还会导致水的浪费；若水压太低，猪群长时间喝不够水，也会引起猪群的厌烦心理而导致饮水不足。一般根据猪的大小不同，宜在每分钟 1 ~ 2 升之间。

为什么豆粕不能代替鱼粉

豆粕与鱼粉都是高蛋白质饲料，豆粕的蛋白质含量在 43% ~ 46%，鱼粉的蛋白质含量却不等，最高可达 65% ~ 70%，最低的只有 35% 左右。进口鱼粉一般优于国产鱼粉。

两者都是饲料中常用的蛋白质原料。但是含有相同蛋白质的豆粕却不能起到鱼粉的效果。鱼粉所含的蛋白质比豆粕的更容易消化吸收，同时，鱼粉中含有一些促生长因子，这是豆粕中没有的。

由于鱼粉容易消化吸收的特点，断奶仔猪料里加上优质鱼粉不但长势快，而且腹泻率也会降低。

在哺乳料里加入优质鱼粉，奶水会明显增加。特别是在高产母猪的饲料里添加优质鱼粉，还可以减少母猪掉膘，有利于断奶后发情。

生物饲料在养殖业中的作用

2019年农业农村部第194号公告正式宣布，自2020年7月1日起，我国饲料生产企业将停止生产含有促生长类药物饲料添加剂(中药类除外)的商品饲料。这意味着中国养殖业正式进入无抗时代。

养殖业禁止使用抗生素后，最好的替代产品就是生物饲料。饲料从有抗转向无抗，最终会趋向于生物饲料，一般添加量在5%～10%。抗生素三大功效分别是防腹泻、促生长、减少发病，在生物饲料时代体现得同样非常好。

当然，市场上生物饲料的缺点就是水分大、不好保存、容易发霉。克服生物饲料的缺点，可以采用"即开即用"的饲喂方法，有条件的饲料企业也可以安装低温烘干设备，在不破坏有益菌的前提下，又降低了保存的难度。生物饲料对养殖业的功效如下：

◆ **提高机体免疫力**

生物饲料中的优势益生菌可以作为一种非特异性免疫调节因子，其可以激活宿主免疫细胞，提高吞噬细胞的活力，从而提高机体免疫力。有益菌还能够促进黏膜淋巴小结和固有膜淋巴细胞分泌型lgA和分泌型lgM生成。此外，生物饲料中的有益菌，能够在肠道中定植，通过竞争性抑制作用，抑制有害菌的生长与繁殖，减少致病菌与肠道上皮相结合的机会，进而提高机体的免疫功能，降低发病率。在特定情况下，如应激反应、疾病或长时间使用抗菌药物时，可能会影响肠道内的微生态平衡，此时使用生物饲料，在有益菌的代谢过程中，会制造厌氧环境，有效抑制致病菌的生长与繁殖。

◆ **提高饲料利用率**

使用生物饲料，能够增加肠道内有益菌的含量。在其代谢的过程中，会产生多种促进动物营养消化的物质，如蛋白酶、淀粉酶、脂肪酶等多种消化酶，促进营养物质的消化与吸收，提高饲料利用率。酵母菌在代谢的过程中可产生多种维生素、氨基酸，可提高动物机体对磷的利用率。此外，生物饲料的适口性良好，可提高采食量，较低的pH值能够促进动物对钙、磷、铁等物质的吸收与利用。在酸性条件下，高分子蛋白质易沉淀，容易被消化吸收。事实表明，使用生物饲料喂猪，猪只生长速度不比有食用抗饲料长得慢，甚至长势更快！

◆ **调节胃肠道菌群微生态平衡**

健康动物的肠道内有多种微生物群落，各个微生物群落之间存在着相互依存、相互制约的关系，使肠道内微生态系统处于一个平衡的状态，在健康状况下对抵御病原体的侵袭具有积极的作用。生物饲料中通常添加酵母菌、乳酸菌、芽孢杆菌等有益菌，能够在肠道内形成生物屏障，维持肠道内菌群的平衡状态；耗氧或兼性厌氧的益生菌在肠道定植，能

够降低肠道内的氧分子浓度，促进厌氧微生物的生长，抑制有害微生物的繁殖，可用于预防、治疗肠道疾病。

◆ **减少圈舍臭味**

生物饲料是环境友好型饲料，推广使用生物饲料，符合我国对各行各业提出的环境保护要求，在生态环境受到足够重视的大前提下，使用生物饲料是必然趋势。动物排泄物本身或分解的过程，会产生大量的硫化氢、氨气、苯等有害物质，并且粪便还能够为病原体的滋生提供有利条件，导致疾病的传播扩散。使用生物饲料能够促进动物对营养物质的吸收利用，减少排泄物中有害物质的含量，降低粪便臭味对养殖效果的影响，改善养殖场内的饲养环境。例如，乳酸菌在代谢的过程中分泌的多肽和抑菌物质，对氨、吲哚以及粪便臭味等有良好的降解作用；芽孢杆菌代谢过程中产生的酶类物质，能够氧化和分解硫化物和吲哚类化合物，减少粪便的臭味。

◆ **保证食品安全**

目前，我国的经济水平逐年提升，人民群众对肉蛋奶的需求量和品质要求也在逐渐提高。含有抗生素残留的食品受到了越来越多消费者的抗拒，食品安全问题亟待解决。生物饲料的使用不仅能够改善产品风味，提高其品质，还能够减少抗生素的使用，甚至能够做到无抗，大大地提高了产品的市场竞争力，同时保证了食品安全。

 饲料中的营养物质有哪些

维持动物生命、生长和繁殖的营养成分主要是蛋白质、能量、矿物质、维生素和水。现以猪为例，介绍猪饲料中营养成分的作用。

◆ **蛋白质**

饲料中的蛋白质在猪体内经胃肠道的消化和分解变成氨基酸被肠壁吸收，进入血液供猪体利用。当猪日粮中缺乏蛋白质，就会影响猪的健康、生长发育和繁殖性能，降低生产力和产品品质。

在猪的蛋白质营养中，常常遇到赖氨酸和蛋氨酸含量不足，而且猪的生长速度越快、生长强度越高，需要的赖氨酸就越多。

◆ **能量**

猪体维持生命、生长、发育、繁殖和进行各种生理活动都需要能量。猪体所需要的能量来自饲料中的碳水化合物、脂肪和蛋白质。这三类物质在猪体内氧化释放出能量，用来维持体温、生理活动和进行生产活动。

猪的能量来源主要是碳水化合物。在猪的生长过程中，当能量过剩时，猪体把过多的碳水化合物转化为脂肪储存在体内；相反，如果能量供应不足时，猪体内储备的脂肪甚至体内蛋白质都被用来作为能量供应，以维持其正常的生长发育。

碳水化合物包括淀粉、糖和纤维素类物质，前两种容易消化吸收，而且产热能高。粗纤维内除含有纤维素外，还含有少量的木质素。猪对粗纤维的消化能力极弱，如果日粮中粗纤维含量超过15%时，由于适口性差，会大大降低猪的饲料采食量。妊娠母猪为了减少便秘现象，料内可适当加入粗纤维，添加量一般在10%左右。

◆ **矿物质**

矿物质在动物体内具有确切的生理功能和代谢作用，日粮供给不足或缺乏会导致矿物质缺乏症和生化变化。补给相应的矿物质元素，缺乏症即可消失的矿物质元素(又叫必需矿物质元素)，可以按体内含量不同分为常量矿物质元素和微量矿物质元素。猪体内如果缺乏矿物质，轻则生长停止，重则出现矿物质缺乏症，严重者可造成死亡。最常见的，饲料缺乏矿物质钙时，母猪容易瘫痪；缺乏矿物质硒时，仔猪、肥猪容易死亡。

虽说维生素是重要的物质，但若缺乏了矿物质，不但维生素无法正常发挥作用，也不能被正常吸收，因此唯有维生素配上矿物质，才能达到相辅相成的作用。

常量矿物质包含钠、钾、钙、镁、氯、磷、硫，微量矿物质包含硼、钒、锌、碘、铁、硒、锰、铜等。

◆ **维生素**

目前已确定的维生素按照溶解性可分为脂溶性和水溶性两大类。

1. 脂溶性维生素

脂溶性维生素是指维生素A、维生素D、维生素E、维生素K四种，它们主要由碳、氢、氧元素组成。

(1)维生素A能保护黏膜上皮的健康，保持正常的生殖机能，促进生长发育，维持呼吸系统与视神经系统的健康。

(2)维生素D能降低肠道pH值，从而促进对钙、磷的吸收，保证骨骼的正常发育。

(3)维生素E能保持猪的正常生殖机能，并有抗氧化作用。

(4)维生素K与凝血作用有关。

2. 水溶性维生素

水溶性维生素是指B族维生素和维生素C。

(1)维生素B_1缺乏则出现食欲减退、胃肠机能紊乱、心肌萎缩或坏死，以及神经发生炎症、疼痛、痉挛等。

(2)维生素B_2可提高猪饲料利用率。

(3)当猪缺乏泛酸时常患皮肤脱落性皮炎，食欲下降或消失，下痢，后肢肌肉麻痹，唇舌有溃疡性病变，贫血，大肠有溃疡性病变，心肝及体重减轻，呕吐。

(4)维生素C参与氧化和还原过程，对胶原蛋白、细胞间黏合质、神经递质(如去甲肾上腺素等)的合成，类固醇的羟化，氨基酸代谢，抗体及红细胞的生成等均有重要作用，可防止坏血病。

◆ 水

水同样是重要的营养物质，缺水或饮水不足危害极大，体内水分减少8%时出现严重干渴，食欲丧失，消化作用减慢；减少到10%时会导致严重的代谢紊乱，减少20%时会导致死亡。

维生素E对母猪的重要性

维生素E是维持动物正常生理机能所必不可少的有机化合物，它的代谢功能是多方面的。很多研究表明，维生素E在提高动物机体免疫力、预防不孕症、促进生长等方面发挥着重要的作用，但随着畜牧业的发展，人们发现了维生素E对养殖业的作用越来越大。维生素E在母猪饲养上的重要作用如下。

◆ **维生素E和免疫**

维生素E在母猪饲养上的免疫保健作用已得到证明。给含维生素E10毫克/千克的母猪日粮添加维生素E，当添加量为50毫克/千克和70毫克/千克时，仔猪的免疫力提高。另外，从妊娠第30天开始直至断奶，在母猪日粮中添加维生素E20毫克/千克、40毫克/千克和60毫克/千克干物质，都能提高母猪细胞免疫及体液免疫反应。母猪体液免疫反应系统加强后，分泌到初乳及常乳中的免疫球蛋白的数量增多。因此，在母猪日粮中添加高于生长和繁殖需要量的维生素E，有助于仔猪从母体获得较多抗体，添加维生素E的最大好处是提高母猪及其仔猪的免疫力。

◆ **维生素E与繁殖**

研究表明，维生素E与性机能密切相关，它通过垂体前叶分泌促性腺激素，调节性机能。其能增强卵巢机能，使卵泡增加黄体细胞。当母猪缺乏维生素E时卵巢机能下降，性周期异常，不易受精，甚至胚胎发育异常或出现死胎。在妊娠母猪日粮中另加维生素E可提高产仔数，并可降低仔猪断奶前的死亡率，肌肉注射也有同样的效果。

◆ **维生素E与疾病**

维生素E能提高经产母猪和哺乳仔猪同断奶前死亡有关的肠道疾病的抵抗力。在母猪日粮中添加维生素E，母猪免疫力增强，同时经口接种的仔猪产生的免疫球蛋白数量增多，因此仔猪对外界病原体特别是肠道微生物的抵抗力提高，从而减少仔猪在断奶前因肠道疾病所造成的损失。维生素E缺乏与白肌病还有直接关系。

◆ **维生素E的其他作用**

维生素E作为细胞内抗氧化剂，防止细胞内细胞膜和脂肪酸等易氧化物被氧化破坏，从而保护了细胞膜的完整。维生素E还是天然的饲料抗氧化剂，以饲料添加剂的形式加入母猪饲料中，能保护饲料中的维生

素A及一些不饱合脂肪被氧化。另外还有研究表明,维生素E有抗应激、抗病毒、抗感染等作用。

维生素E与硒能协同起到保护细胞膜的作用。

维生素E与维生素C能协同提高猪只抗应激能力。

◆ 维生素E的缺乏

缺乏维生素E,母猪的免疫力会下降,生殖能力出也会下降。维生素E缺乏时会使生殖道上皮角质化,母猪不易受孕,易流产,仔猪成活率低;公猪精液品质低,性欲不强,运动失调。维生素E缺乏还易引起哺乳仔猪肌肉运动失调和发生白肌病。

如何用小麦代替玉米喂猪

玉米是最常用的能量饲料,具有产量高、效能值高、适口性好、易消化等特点,被誉为"饲料之王"。但玉米的蛋白质含量低,氨基酸不平衡,矿物元素含量低,所以以玉米为主的饲料必须搭配高蛋白质饲料互相补充。另外,玉米在贮存过程中易发生霉变,一旦产生毒素,对猪群有很大危害。

小麦的能值次于玉米,但其蛋白质含量及氨基酸配比好于玉米。小麦的不足之处在于难加工,加工过粗不易消化,加工过细又会发黏,适口性差,影响猪采食量。用小麦做饲料用量不可过大。当然,如果没有办法采购到合格的玉米,那小麦的优点就远远盖过缺点了。

由于有时玉米价格高,而且经常出现发霉现象,所以人们想用小麦代替玉米,而且一些饲料厂家也推出了小麦代替玉米的配方和预混料。饲料中加入适当的小麦有抗腹泻功效。

◆ **小麦代替玉米的方案**

16.5%玉米+3.5%豆粕=20%小麦。按照上述比例关系替代,配方的营养水平变化不大。如果配方有60%玉米、20%豆粕,用小麦替代玉米后配方改为,43.5%玉米、16.5%豆粕、20.0%的小麦。

根据小麦吸潮的特点,不建议饲料中过多添加,可以替代保育猪、生长猪和育肥猪日粮中玉米的10%~50%。保育猪日粮能代替10%~20%,生长猪能代替20%~30%,育肥猪能代替40%~50%。

◆ **小麦代替玉米的注意事项**

(1)小麦能值低于玉米,小麦用量大会出现饲料能量不足的现象。

(2)使用小麦应同时使用小麦酶,这样才能使小麦的利用更好;

(3)注意小麦加工的粒度问题,不要粉得太细,粉碎的适宜粒度以700~900微米为宜。

(4)小麦中脂肪含量低,会影响脂溶性维生素的消化吸收,应适当添加油脂。

 **常用的饲料添加剂有哪些**

◆ **促生长添加剂**

包括喹乙醇、猪快长等，可以提高猪的生长速度。目前饲料内已经禁止使用喹乙醇。

◆ **防腐添加剂**

一些饲料内含高油脂，高温天气久放后，容易氧化变质，需要在饲料内加入防腐添加剂，主要包括甲酸及甲酸钙、丙酸盐类、山梨酸等物质，可以防止饲料氧化变质。

◆ **中草药饲料添加剂**

包括野山楂、党参叶、芒硝、苍术、益母草等，饲料禁抗后，很多饲料企业选择中草药饲料添加剂进行补充。

◆ **抗生素添加剂**

包括土霉素、黏杆菌素、金霉素、新霉素、四环素、林可霉素等。目前饲料已经进入无抗时代。

◆ **缓冲饲料添加剂**

包括碳酸氢钠、碳酸钙、氧化镁、磷酸钙等。

◆ **饲料调味添加剂**

包括谷氨酸钠、食用氯化钠、柠檬酸、乳糖、麦芽糖、甘草等。

◆ **酸化剂添加剂**

包括柠檬酸、富马酸、乳酸、乙酸、盐酸、磷酸和复合酸化剂等。在猪的日粮中添加适量的酸化剂可以显著增加猪的日增重并降低饲养成本。

◆ **维生素添加剂**

维生素添加剂包含维生素A、维生素D_2、维生素B_1、维生素B_2、维生素D_3、维生素E、维生素C等，能够促进家畜新陈代谢，维持家畜正常的生理活动，需要根据家畜的品质谨慎选择。

◆ **微量元素添加剂**

微量元素添加剂中含有铜、铁、锌、钙、磷等矿物质，具有促进生长发育和增加抗病能力的作用。微量元素添加剂能够提高饲料的利用率。

◆ **氨基酸添加剂**

氨基酸添加剂中包含赖氨酸、蛋氨酸、谷氨酸等氨基酸。在饲料里加入氨基酸，能使家畜的体重快速上升。

 # 酒糟可以喂猪吗

酒糟作为酿酒的下脚料，由于营养价值不高，容易发霉，不建议使用其喂猪。当必须饲喂时应注意以下几点：

（1）由于营养单一，不能单独饲喂，需要搭配配合饲料共同使用。使用时，要严格控制饲喂量，一般新鲜酒糟不宜超过25%，干酒糟应该控制在10%以下，以免出现营养不足和便秘情况。

（2）对仔猪、妊娠母猪和哺乳母猪不建议使用或者少量使用，如果饲喂过多，容易造成母猪出现流产、死胎、弱仔等问题。

（3）酒糟不宜直接饲喂。饲喂前需要加热，让酒精蒸发。同时，酒糟

不宜长期饲喂。饲喂一段时间后,需要停喂一周,以防慢性酒精中毒。

(4)喂不完的酒糟应该放在窖中或者用其他方式保存,防止变质,已经发霉的酒糟禁止喂猪。

豆腐渣喂猪的注意事项

豆腐渣是以大豆为原料加工豆制品后的副产品,是农村养猪的理想饲料。据测定,鲜豆腐渣含粗蛋白质4.7%,干豆腐渣含粗蛋白质27.7%,比玉米多3倍以上。但是如果饲喂的方法不当,不仅不能发挥其应有的作用,而且还会引起副作用。长期用大量生豆腐渣喂猪,轻者导致母猪营养不良、食欲不振、腹泻,重者导致母猪不孕、流产或死胎,仔猪成活率下降。因此,用豆腐渣喂猪应特别注意以下几点:

◆ **忌喂腐败变质的豆腐渣**

豆腐渣由于含水多,容易腐败变质。猪吃了变质的豆腐渣,可导致肠炎、腹泻、下痢等疾病,严重者可造成死亡。所以,腐败变质的豆腐渣不能喂猪。

◆ **忌生喂**

黄豆中含有抗胰蛋白酶、皂素及红细胞凝集素等有毒物质。只有将豆腐渣煮熟,这些有害物质才会失去作用。因此,在饲喂之前,应加热10~15分钟,把抗胰蛋白酶分解破坏后,才能提高蛋白质的吸收利用率。

◆ **忌过量饲喂**

一般来说，日粮中鲜豆腐渣的使用量应控制在饲料总量的20%～25%，干豆腐渣在10%以下，否则易引起猪消化不良。

◆ **忌单一饲喂**

豆腐渣营养不全，缺乏维生素和矿物质，饲喂时要搭配一定比例的玉米、糠麸和矿物质元素等，以满足猪生长发育的需要。

◆ **忌喂冰冻豆腐渣**

因冰冻豆腐渣温度太低，对肠胃的刺激大，易引起猪的消化机能紊乱，故应解冻后再饲喂。

养殖拓展篇

把猪养活很简单，把猪养好不简单。

免疫九九口诀

疾病种类特别多，病毒细菌最当说

水链副仔气杆丹，瘟环狂蹄细脑蓝

细菌用药来治好，病毒免疫才更好

灭活两次是需求，活免一次除胃流

伪狂圆环猪瘟期，当天半月二十一

配前两遍做细小，每年四月做乙脑

母猪普免一刀切，同时还要管好爹

口蹄错开两十五，胃流十五三十五

气喘胸腔勿忘母，蓝耳双阴最威武

备注

细菌： 水肿、链球菌、仔猪副伤寒等

病毒： 猪瘟、伪狂犬、乙脑、圆环等

 # 药物配伍口诀

头孢青霉像一类，沙星霉素最常配

（头孢与青霉素均可与大多喹诺酮／氨基糖苷配伍）

多西氟苯和替米，拌料搭配任由你

（氟苯／多西／替米三种药治疗呼吸道时常联合使用）

磺胺首倍常单用，霉素沙星还将就

（磺胺经常单独使用，并且首次时使用需要加倍）

黏杆菌素效果强，氟苯强力头孢王

（黏杆菌素与氟苯尼考／多西环素／头孢配伍会加强）

林可霉素要想好，庆大硝唑不能少

（林可霉素与庆大霉素或甲硝唑配伍药效会加强）

维生素C氨茶常单用，配伍禁忌不好弄

（维生素C和氨茶碱注射时遇到抗生素一般单独使用）

如果不知怎么配，中西结合最实惠

（举例：头孢噻呋＋穿心莲等中西结合一般无禁忌）

氟苯磺胺和头孢，放到一起会糟糕

（氟苯尼考／头孢／磺胺这三种药一般不做配伍使用）

多西环素是挺好，遇到头孢也得跑

（多西环素不与头孢类药物配伍使用）

 # 偏方功效口诀

养殖路上偏方多，准确用好要当说

鸡蛋产后和排卵，公猪补充配早晚

机油咬仗驱蚊蝇，皮肤损伤抹都行

红糖催情又下奶，产后低糖也得买

煤炭咬仗腹泻多，顺便加水没得说

苏打增重治胃酸，中暑产后和尿酸

白酒咬仔乳房炎，下奶中暑转群前

腹腔应激葡萄糖，解毒能量静脉强

最后一个是韭菜，调节公母性情懒

 # 病猪解剖口诀

脾边缘黑色坏死多为猪瘟

脾黑紫质脆超大多为非瘟

脾上白色坏死点多为伪狂

肾上白色坏死点多为圆环

肺胸粘连绒毛心多为副猪

肺部对称性肉变多为支原体

皮下小肠黄染多为附红细胞体

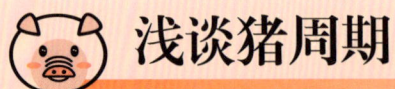

浅谈猪周期

猪周期以往是4年一个周期，2010、2014、2018年分别是三个养殖周期的低谷。非瘟疫情过后，随着集团养殖的崛起、生猪期货的出现，猪周期仿佛不太明显。按规律本应该2022年再次出现的低谷期，结果推迟到2023年出现。但是，生猪的行情走势还是有规律可循的。养殖从业者主要参考以下几点：

◆ 能繁母猪的数量

能繁母猪的数量是决定猪行变化的根本性因素。当能繁母猪量超过正常保有量时(目前国家公布能繁母猪正常保有量是4100万头，随着母猪产能的提升和人对猪肉的需求在下降的现象，笔者认为，国内4000万头能繁母猪应该就是正常保有量)，一般其他因素(如收储、消费等)很难根本性改变猪价下滑的走势。当能繁母猪低于3700万头时，猪价更容易产生上升趋势；当能繁母猪低于3300万头时，猪价一般会开启暴涨模式。

母猪去产能后10个月左右猪价才能开始真正反弹，但并不能直接让猪价开始上涨。养殖从业者要时刻关注农业农村部公布的能繁母猪同比和环比变化，同期母猪变化往往直接影响未来猪价。

◆ 上市猪企养殖

养殖从业者要定期关注集团养殖规划，尤其上市猪企按照国家要求要公布季度报告、半年报告、年度报告，可以作为行业参考。上市猪企截止到写作时间已经占国内养殖企业总量的1/3，通过上市猪企的公告可以综合分析猪价。举例：2022年十几家上市猪企共同预判2023年行情好，继续增加后备母猪量，在此期间，虽然散养户在一定程度上减少，但是2023年猪价却不太景气。

由于行业对集团规模养殖的关注,当养殖"三哥"(牧原、温氏、新希望)集体拉升价格的时候,散养户会跟风压栏,往往会带动猪价上涨,反之,猪价容易下跌。

◆ 季节性消费

季节性消费是影响猪价最大的一个因素,小到节日消费,大到冬季年猪。每年冬至前云贵川腊肉的腌制,是影响全国猪价的关键时段,一般情况下,此时段全国需要关注云贵川的猪价,如果西南缺猪,将会拉动全国猪价上涨;如果猪多,北方地区多面临掉价情况。

每年7月,全国猪价看东北。7月南方大面积高温,整体减少消费,但是这阶段东北地区全境在集中办升学宴,往往会相应拉升猪价。多年猪行走势表明,虽然平常东北猪价最低,但是在每年7月东北地区猪价短期容易超过中原地区猪价(需要关注冻肉的库存情况,综合判断)。

根据以往经验,清明节、端午节、"五一"、重阳节、"十一"、中秋节,除特殊缺猪年份外,一般猪价很难出现明显上涨,相反很多时间还容易掉价,这就是大家常说的"逢节必掉"。

◆ 国家储备肉

"肉贵伤民,肉贱伤农",国家发改委会根据猪价的高低,定期投放或收购储备肉,每次调整量一般在2万~4万吨。大家会问:为什么总是收储继续掉价,放储备反而还会涨价? 主要原因有三:首先,储备肉信号都提前通知,养殖从业者接到信息后,容易跟风操作;其次,每批次收储量、放储量有限,每次操作一般就是4万吨左右,而国内每天的肉类消费一般在20万~25万吨,其中接近50%都是猪肉消费;最后就是行业强调的,决定猪价的根本性因素是能繁母猪的数量。所以,不建议养殖从业者过分跟随储备肉变化的信号。一般情况下,连续并频繁地收储或放储备后

才会改变行情。

◆ **非瘟疾病的影响**

2019年开始,正是由于全国大面积暴发非洲猪瘟疫情,导致能繁母猪数量急剧下滑到2000万头以下,所以才出现了2020年35元/公斤的暴利猪价。

后非瘟时代,随着规模场和集团的扩张,从业者对猪场生物安全的重视度在提升,全国很难再暴发大规模的非瘟疫情,更多的是出现局部地区暴发的疾病。当能繁母猪满负荷生产时,如果没有大面积的非瘟挑圈猪场,只是局部地区的发病,猪价很难出现根本性的改变。

◆ **二次育肥对猪价的影响**

近几年,二次育肥专业户越来越多。客观来讲,二次育肥专业户属于投机行为,会扰乱猪价正常变化。但是,集中二次育肥往往会短期拉升猪价,透支后期的行情。

影响猪价的因素还有很多,市场对猪肉的消费能力、进口肉的数量、冬季胃肠炎的情况、雨雪天气以及养殖从业者的短期情绪变化都可能对猪价产生影响。但是,最根本影响行情变化的只有四个字:能繁母猪。

养殖金字塔法则

金字塔法则足以反应今日养猪现状,尤其是笔者此时此刻正在写作的时间,全国平均猪价不足23元/公斤。很多养殖者都想让猪长得快、母猪产能好,可是红色的线条反应,很多猪场并不想去正常地投入,那就无法成为正三角。怎么办?被亏欠的猪只能自己想办法:母猪产得差、肥猪长得慢、仔猪拉稀多、猪群疾病多,以此来平衡你的投入不足,当问题足够多时,就像蓝色的线条被无限延伸,由于长期的亏损,最后就只能被迫挑圈,感叹"养猪不是人干的活"。但必须承认,无数的养殖者正是由于养猪买了车、买了房。所以,养殖从业者面临的是要么退出,要么善待猪群。

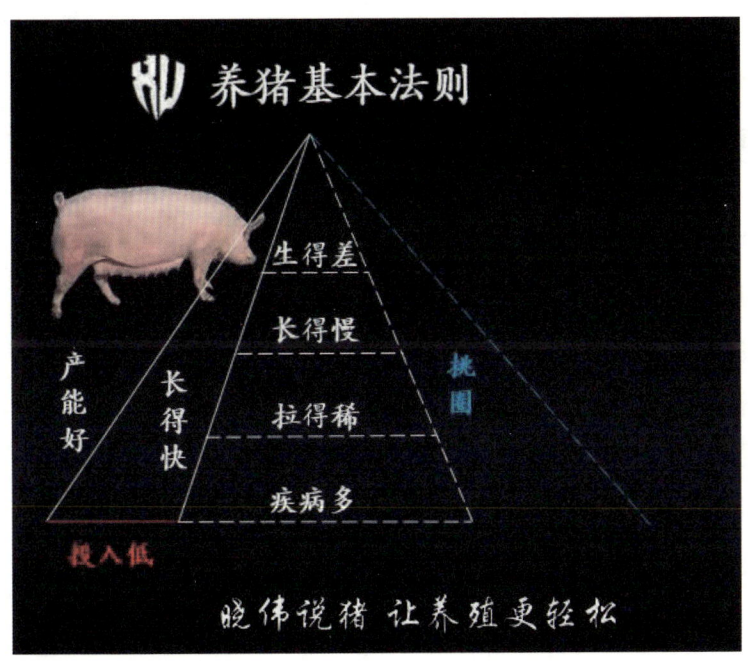

 # 猪场常用中药配方及功效

◆ **止咳散**

　　主要成分：苦杏仁、麻黄、知母、枳壳、枳梗

　　功效：清肺化痰、止咳平喘

　　主治：肺热咳喘

◆ **止痢散**

　　主要成分：藿香、雄黄、滑石

　　功效：清热解毒、化湿止痢

　　主治：仔猪白痢

◆ **六味地黄丸**

　　主要成分：熟地黄、酒萸肉、山药、牡丹皮、茯苓

　　功效：滋补肝肾

　　主治：公猪举阳滑精、母猪发情周期不正常

◆ **甘草颗粒**

　　主要成分：甘草

　　功效：祛痰止咳

　　主治：咳嗽

◆ **龙胆泻肝散**

　　主要成分：龙胆、车前子、柴胡、当归、栀子

　　功效：泻肝胆实火、清三焦湿热

　　主治：目赤肿痛、淋浊、带下

◆ **生乳散**

　　主要成分：黄芪、党参、当归、通草、川芎

　　功效：补气养血、通经下乳

　　主治：气血不足引起的缺乳症

◆ **催情散**

　　主要成分：淫羊藿、当归、香附、益母草、阳起石

　　功效：催情

　　主治：母猪不发情

◆ **白头翁散**

　　主要成分：白头翁、黄连、黄柏、秦皮

　　功效：清热解毒、凉血止痢

　　主治：湿热腹泻、下痢脓血

◆ **杨树花口服液**

　　主要成分：杨树花

　　功效：化湿止痢

　　主治：肠炎、痢疾

◆ **补中益气散**

　　主要成分：炙黄芪、党参、白术(炒)、炙甘草、当归

　　功效：补中益气、升阳举陷

　　主治：脾胃气虚、子宫外脱

◆ **荆防败毒散**

　　主要成分：荆芥、防风、羌活、独活、柴胡

　　功效：辛温解表、疏风祛湿

　　主治：风寒感冒、流感

◆ **健胃散**

主要成分：山楂、麦芽、六神曲、槟榔

功效：消食下气、开胃宽肠

主治：伤胃积食、消化不良

◆ **保胎无忧散**

主要成分：当归、川芎、熟地黄、白芍、黄芪

功效：养血、补气、安胎

主治：安胎、保胎

◆ **益母生化散**

主要成分：益母草、当归、川芎、桃仁、干姜

功效：活血祛瘀、温经止痛

主治：产后恶露不净

◆ **黄连解毒散**

主要成分：黄连、黄芩、黄柏、栀子

功效：泻火解毒

主治：扶正解毒、抗瘟驱邪

◆ **麻杏石甘散**

主要成分：麻黄、苦杏仁、石膏、甘草

功效：宣肺平喘、利咽解毒

主治：肺热咳喘

◆ **清瘟败毒散**

主要成分：石膏、地黄、水牛角、黄连、栀子

功效：泻火解毒、凉血

主治：解除由各种原因导致的热证

◆ 扶正解毒散

　　主要成分: 板蓝根、黄芪、淫羊藿

　　功效: 扶正祛邪、清热解毒

　　主治: 修复免疫细胞、改善亚健康、净化病毒性疾病

猪场常用药物与治疗方案

◆ 繁殖用药

　　(1)乙烯雌酚:用于母猪催情和分娩时开张子宫颈口。

　　(2)三合激素:用于母猪催情。

　　(3)黄体酮:用于母猪的保胎、安胎。

　　(4)雄激素:包括甲基睾丸酮、丙酸睾酮、苯丙酸诺龙、去氢甲基睾丸素等,该类激素除了提高公猪性情之外,对僵猪的康复也有一定的作用。

　　(5)孕马血清:对母猪有催情和助情作用,往往与氯前列烯醇配合使用。

　　(6)促排卵药物:包括绒毛膜促性腺激素、排卵3号等;对于返情母猪,配种前打3支促排3号,会提高受孕率。

　　(7)子宫收缩药:催产素,难产时使用,需要保证产道没有仔猪。

　　(8)氯前列腺素:有催情、催产、同期分娩等功效。

◆ 其他常用药

　　(1)阿托品:具有解毒及缓解胃肠蠕动的作用,特别是严重拉稀时,配合抗生素用有很好的效果。

(2)新斯的明：促进胃肠蠕动，有健胃、帮助消化的作用，作用与阿托品恰恰相反。

(3)肾上腺素：抗过敏，抗休克作用；对疫苗过敏时可用其立即肌注进行解救，同时对气喘、咳嗽很严重的病猪也可肌注进行解救。

(4)氨基比林、安乃近、安痛定：这三种药属于同一类药，起着解热镇痛的作用，临床上常用安乃近配合青霉素治疗一般性不吃料的猪。但要注意，对怀孕母猪使用的剂量不能过大，否则会导致流产。

(5)安钠加、樟脑：强心药。

(6)维生素B_1、维生素B_{12}针：健胃、补体；对一般无体温变化的猪，配合用药。

(7)氨茶碱：平喘、舒张支气管，对气喘、咳嗽的猪能迅速平喘。

(8)地塞米松：抗炎、抗毒，配合青霉素和安痛定使用，但会导致母猪流产和泌乳减少。

(9)止血敏、维生素K_3、安洛血：止血针。

(10)速尿：对水肿病的治疗配合用药。

(11)大黄、硫酸钠、硫酸镁：均为泻药。

常见病的治疗方案

(1)气喘、咳嗽：一侧打泰乐菌素+氟苯尼考，另一侧肌注林可+地米。

(2)拉稀：口服磺胺二甲氧嘧啶和氟哌酸，肌注阿托品+痢菌净。

(3)发热：第一针青霉素+地塞米松+安乃近，第二针用磺胺间甲氧嘧啶钠。

(4)无发热不吃料：青霉素+穿心莲；另一侧打科特壮。

(5)脚病：局部处理，安痛定+青霉素。

(6)乳房炎：头孢喹肟+鱼腥草或者普鲁卡因青霉素。

(7)便秘：口服泻药，同时配合灌肠，肌注新斯的明等药物。

(8)不发情：肌注催情药，如PG600、氯前列烯醇、孕马血清等。

(9)同期分娩：对到预产期的母猪，可注射氯前列烯醇2支，一般20小时内分娩。

(10)耳朵发红发紫：可肌注磺胺间甲氧或卡那和青霉素，此外配合肌注维生素C。